1x1 Die erfolgreiche schriftliche Bewerbung

Aufbau und Gestaltung
Musterbeispiele
Online-Bewerbung

STARK

Die Autoren

Jürgen Hesse,
Jahrgang 1951, ist Diplom-Psychologe und geschäftsführender Gesellschafter
im Büro für Berufsstrategie, Berlin.

Hans Christian Schrader,
Jahrgang 1952, ist Diplom-Psychologe in Baden-Württemberg.

Anschrift der Autoren

Hesse/Schrader
Büro für Berufsstrategie
Oranienburger Straße 4–5
10178 Berlin
Tel. (0 30) 28 88 57-0
Fax (0 30) 28 88 57-36
info@hesseschrader.com
www.hesseschrader.com

Verlag und Autoren bedanken sich bei den auf den Bewerbungsfotos abgebildeten
Personen und bei den Fotografen Katy Otto, Regine Peter und Antonius.
Foto S. 37: © mars – Fotolia.com

ISBN 978-3-86668-793-6

© 2014 by Stark Verlagsgesellschaft mbH & Co. KG
www.berufundkarriere.de

Inhalt

Einstieg und Einstimmung: Auf geht's zum neuen Job

Mit einer Bewerbung erfolgreich zu sein und eine Einladung zum Vorstellungsgespräch zu bekommen ist schon eine große Herausforderung. Dabei gilt es, viele Spielregeln zu beachten, um sich selbst und seine Fähigkeiten bestens zu präsentieren. Auf eine solche »Werbung in eigener Sache« sollten Sie sich gezielt vorbereiten. Wir unterstützen Sie und zeigen, worauf es wirklich ankommt, damit Ihre Bewerbung bestens an- und Sie wirklich gut rüberkommen.

Warum bekommt jemand überhaupt einen Job? Dafür gibt es vor allem drei wichtige Gründe:

1. Man hat besondere Fähigkeiten, verfügt über Erfahrungen bei der Lösung von Problemen, kann also helfen (Kompetenz).

2. Man ist hoch motiviert, will etwas bewirken, macht einen engagierten Eindruck (Leistungsmotivation).

3. Man passt in das bestehende Team, ist sympathisch und vertrauenswürdig (Persönlichkeit).

Das sind die drei Merkmale und Weichensteller, auf die Arbeitgeber achten. Bewerber*, die sie erfüllen, bekommen den Job.

Die Zauberformel (KLP)

Diese drei Punkte gilt es, klar herauszustellen, damit Ihre Bewerbung Erfolg hat. Das jedenfalls zeigt unsere über 30-jährige Erfahrung in der Bewerberberatung. Wir bringen unsere Kandidaten immer ins Ziel, und zwar genau so, wie wir es Ihnen hier zeigen.

WICHTIG

Verdeutlichen Sie sich, welche Aufgabe Ihre Bewerbungsunterlagen haben. Das Ziel ist erst einmal die Einladung zum Vorstellungsgespräch, nicht gleich der neue Job!

* Wenn im Folgenden überwiegend die männliche Form (Bewerber, Personaler etc.) verwendet wird, geschieht dies ausschließlich, um den Lesefluss zu erleichtern.

Damit Sie unter den vielen Bewerbern ausgewählt und eingeladen werden, müssen die Personalentscheider neugierig auf Sie werden. Ihre Unterlagen sollten also angenehm auffallen und dem Empfänger einen ersten Eindruck Ihrer Problemlösefähigkeiten, aber auch ein gutes Gefühl bezogen auf Ihre Person verschaffen. Dabei ist Ihr Lebenslauf (wir bevorzugen die Bezeichnung »beruflicher Werdegang«) das, was den Arbeitsplatzanbieter am meisten interessiert.

Ihr beruflicher Werdegang soll vor allem Auskunft darüber geben, was Sie aktuell leisten und wie es dazu gekommen ist. So kann der Personalentscheider sicherer abschätzen, welche Aufgaben man Ihnen zutrauen kann.

Wir zeigen Ihnen nun, wie Sie sich mit Ihren Bewerbungsunterlagen – egal ob in Papierform oder digital zum Versenden per E-Mail – positiv von der Masse abheben: durch einen besonders gut durchdachten Lebenslauf, ein interessantes Anschreiben, eine außergewöhnliche Anordnung der Anlagen und mit einem beeindruckenden, sympathischen Foto.

Diese Fragen bringen Sie voran:

- Welche Fähigkeiten und Qualifikationen habe ich anzubieten?
- Warum sollte man sich für mich entscheiden?
- Was kann ich besser als andere Bewerber?

Wir möchten Ihnen nun zwei Musterbewerbungen zeigen. Unsere Kommentare dazu stehen direkt daneben. So können Sie auf einen Blick sehen, worauf es wirklich ankommt.

Die folgenden Bewerbungsbeispiele zeigen Ihnen, wie sich zwei Bewerber auf dieselbe Stellenanzeige als Sachbearbeiter/-in beworben haben.

Beide Bewerbungen sind gute Muster dafür, wie eine gelungene Bewerbung aussehen kann.

WICHTIG

Verdeutlichen Sie Ihre speziellen Fähigkeiten und Erfahrungen. Worin unterscheiden Sie sich positiv von anderen Bewerbern? Was ist das Besondere, das Sie anzubieten haben, Ihr Alleinstellungsmerkmal? Stellen Sie verständlich dar, dass Sie etwas Besonderes für den Anbieter des Arbeitsplatzes tun können.

Qualifizierte Sachbearbeiter (m/w)
(Vollzeit, befristet)

zur Verstärkung der Personalabteilung in unserem expandierenden Chemie-Unternehmen gesucht

Erforderlich sind:
kaufmännische Ausbildung
gute EDV-Kenntnisse
Eigeninitiative und Flexibilität
sehr gute Englischkenntnisse

Ihre Bewerbung richten Sie bitte an:
Kemper & Söhne GmbH, Personalabteilung,
Herr J. Kemper, Kuckuckweg 69,
86169 Augsburg, Tel.: 0711 4021177

Claudia Franck – Herzfeld 13 – 22149 Hamburg – Tel.: 040 25436897 – claudia.franck@gmx.de

Kemper & Söhne GmbH Personalabteilung
Herrn J. Kemper
Kuckuckweg 69
86169 Augsburg

Hamburg, 15.05.2014

**Bewerbung als Sachbearbeiterin
Ihre Anzeige in der Süddeutschen Zeitung vom 10.05.2014**

Sehr geehrter Herr Kemper,

Ihre ausgeschriebene Stelle als Sachbearbeiterin in Ihrer Personalabteilung
entspricht meinen beruflichen Fähigkeiten und Erfahrungen.
Da ich eine neue berufliche Herausforderung suche und aus privaten Gründen
nach Augsburg wechseln möchte, bin ich an der Mitarbeit sehr interessiert.

Ich bin Industriekauffrau und habe langjährige Berufserfahrung im Personalwesen.
Zurzeit befinde ich mich in ungekündigter Anstellung in der Personalentwicklung
eines Chemieunternehmens und betreue den Bereich interne Weiterbildung.

Aufgrund meiner vielseitigen Berufserfahrung besitze ich eine gut ausgeprägte
Organisations- und Kommunikationsfähigkeit. Eigeninitiative, Flexibilität und
Zuverlässigkeit können Sie bei mir ebenso voraussetzen wie ein freundliches
Auftreten und eine selbstständige Arbeitsweise. Der Umgang mit der EDV, den
gängigen MS-Office-Anwendungen und den üblichen Kommunikationsmitteln
gehört zu meiner täglichen Arbeit.

Über eine Einladung zum Vorstellungsgespräch freue ich mich und verbleibe
mit freundlichen Grüßen

Claudia Franck

Anlagen

Unser Kommentar

Absender: einfach, aber elegant gestaltet. Schöne Idee! Prima, mit E-Mail-Adresse.

Empfänger: wird namentlich genannt und angesprochen.

Ort/Datum: sind nicht nur richtig geschrieben, sondern auch stimmig platziert.

Betreffzeile: ist nicht zu kurz gefasst und hat eine gut gestaltete Aufteilung.

Anrede: namentlich, wie im Empfängerfeld. Sehr gut!

Inhalt: guter Einstieg mit Motivationserklärung, gelungene Kurzvorstellung (oder Zusammenfassung), die interessant klingt und Lust auf mehr macht. Im weiteren Text geht die Bewerberin auf die Gründe ein, weshalb sie für diese Tätigkeit besonders geeignet ist.

Absätze: sind gut strukturiert. Drei Hauptabsätze, die die wichtigsten Informationen beinhalten, und auf die gewünschten Anforderungen der Stellenanzeige eingehen.

Länge: genau richtig. Eine DIN-A4-Seite, nicht zu voll geschrieben und übersichtlich.

Unterschrift: vorbildlich! Vor- und Zuname sind leserlich.

Anlagen: allein das Wort »Anlagen« reicht bereits aus. Mehr braucht es nicht!

Gestaltung: übersichtlich und ansprechend.

Aufteilung: sehr angenehm! Keine Bleiwüste, dafür viel weiße Fläche, leichte Lesekost mit eleganter Kopfzeile wie im Anschreiben.

Bemerkenswert: ist die erste Seite des »beruflichen Werdegangs«. Die übliche Überschrift »Lebenslauf« braucht es hier nicht. Interessante Gestaltung – so geht es auch. Die persönlichen Daten kommen auch ohne Vorerklärung (Name:/Geburtsdatum:/Familienstand:) bestens aus.

Die angenehme und schlichte Kopfzeile, die sich auf allen Seiten wiederholt, verleiht den Unterlagen eine einheitliche Gestaltung.

Die Auflistung der Berufsstationen führt vom Jetzt in die Vergangenheit. Sehr gut, da die aktuelle berufliche Position für die ausgeschriebene Stelle am aussagekräftigsten ist.

Die Stationen: sind angemessen beschrieben. Alle Berufsstationen werden auf einer Seite abgehandelt. Dies ist übersichtlich und macht neugierig auf die folgende Seite.

Claudia Franck – Herzfeld 13 – 22149 Hamburg – Tel.: 040 25436897 – claudia.franck@gmx.de

Claudia Franck
geboren am 27. September 1970 in Hamburg
unverheiratet, keine Kinder

Beruflicher Werdegang

04/2007 – heute	Berliner Chemie AG, Berlin • Personalentwicklung interne Weiterbildung
04/2003 – 03/2007	Pharma Grün, München • Informationsmanagement Informationsplanung, Organisation, Fachkorrespondenz, Erstellung von Werbemitteln
06/2003 – 03/2007	Institut für Dokumentation, München • Ausbildung und Anerkennungsjahr als staatlich geprüfte Dokumentarin Schulung in Informationsmanagement, EDV und Wirtschaftsenglisch
10/1998 – 04/2003	Chemie AG, München • Chefsekretärin
1994 – 1998	Heidenreich GmbH, Hamburg • Industriekauffrau

Claudia Franck – Herzfeld 13 – 22149 Hamburg – Tel.: 040 25436897 – claudia.franck@gmx.de

Schulische und berufliche Ausbildung

1995 – 1998	Staatliches Abendgymnasium, Hamburg
	Abschluss: Abitur
1991 – 1994	Ausbildung zur Industriekauffrau, Hamburg
1981 – 1991	Hauptschule, Hamburg

Sprachkenntnisse   Sehr gute Englischkenntnisse in Wort und Schrift
Grundkenntnisse in Spanisch

EDV-Kenntnisse   Sicherer Umgang mit allen MS-Office-Programmen

Führerschein   Klasse B

Engagement   Ehrenamtliche Kursleiterin für Nordic Walking
und Wassergymnastik im Kolpinghaus

Interessen   Nordic Walking, Wassersport, Literatur

Hamburg, 15. Mai 2014

Claudia Franck

Weitere Stationen: sind durchdacht angegeben (Schul- und Berufsausbildung gemeinsam).

Zusatzinformationen: von den Sprachkenntnissen bis zu den Interessen wird alles aufgeführt. Bemerkenswert!

Unterschrift: genau so macht man es! Leserlich und mit Vor- und Zunamen.

Fazit: ein gut gelungener Lebenslauf.

Unser Kommentar

Absender: ist grafisch ansprechend gestaltet.

Datum: korrekt platziert.

Betreffzeile: gibt die wichtigsten Informationen wieder.

Anrede: persönliche Anrede des Ansprechpartners. Gut! Leider hat der Kandidat nicht vorab mit dem Ansprechpartner telefoniert. Aus der Stellenanzeige ist der Name jedoch bekannt.

Inhalt: Der Bewerber stellt sich kurz vor und schließt selbstbewusst mit der Formulierung » ... über eine Einladung freue ich mich«. Ob er bereits hier mehr zu seinem aktuellen Status (arbeitsuchend, aber in Fortbildung) hätte mitteilen sollen, darüber kann man unterschiedlicher Meinung sein. Er hat eine interessante Vortragsform gefunden und umgeht auf den nachfolgenden Seiten geschickt das problematische Thema seiner Arbeitslosigkeit.

Länge: genau richtig.

Absätze: sind gut strukturiert und beinhalten die wichtigsten Informationen.

Anlagen: allein das Wort »Anlagen« reicht aus.

Gestaltung: ist ansprechend und wird positive Aufmerksamkeit wecken.

MICHAEL HÄMMERLE
Industriekaufmann

Torgauer Str. 50
80993 München
Tel: 089 25634580
m.haemmerle@gmx.de

Kemper & Söhne GmbH
Personalabteilung
Herrn J. Kemper
Kuckuckweg 69
86169 Augsburg

15.05.14

Ihre Anzeige in der Süddeutschen Zeitung vom 10.05.2014
Sachbearbeiter

Sehr geehrter Herr Kemper,

in Ihrer Anzeige beschreiben Sie einen Arbeitsbereich, der mich stark interessiert und auch meinen Fähigkeiten und Neigungen voll entspricht.

Kurz zu meiner Person:
Ich bin ausgebildeter Industriekaufmann und habe mich im Bereich Informationsmanagement erfolgreich weitergebildet. Langjährige umfassende Erfahrungen in Büro-Administration und anspruchsvoller, selbstständiger Sachbearbeitung in der Chemiebranche ergänzen mein Tätigkeitsprofil.

Aktuell befinde ich mich in einer vom Arbeitsamt geförderten EDV-Fortbildungsmaßnahme und könnte Ihnen deshalb auch sehr kurzfristig zur Verfügung stehen.

Über eine Einladung zum Vorstellungsgespräch freue ich mich und verbleibe mit freundlichen Grüßen aus München

Michael Hämmerle

Anlagen

MICHAEL HÄMMERLE
Industriekaufmann

Torgauer Str. 50
80993 München
Tel: 089 25634580
m.haemmerle@gmx.de

Bewerbung als
Sachbearbeiter bei der

KEMPER & SÖHNE GMBH

Deckblatt: ansprechende grafische Gestaltung. Sehr schön ist die konsequente Fortsetzung des Designs des Briefkopfes aus dem Anschreiben (Zentrierung, Großbuchstaben). Das sympathische Foto (kein Automatenbild!) wirkt sehr professionell und ist ein echter »Hingucker«! Herr Hämmerle erscheint auf dem Bild jung und dynamisch und der Betrachter wird sich länger mit diesem Bewerber beschäftigen wollen.

Um die gelungene Gestaltung zu toppen, hätte unser Bewerber noch unter seinem Foto zusätzlich unterschreiben können!

Überschrift: die für die berufliche Entwicklung gewählte knappe Präsentationsform kommt ohne die traditionelle Überschrift »Lebenslauf« aus (bravo!) und beinhaltet ein gutes Maß an Information.

Die Sozialdaten sind auch ohne die Bezeichnungen »Name«, »Geburtsdatum« etc. als solche gut zu erkennen und zu verstehen. So ist es viel eleganter!

Aufbau: die Themenabfolge »Berufserfahrung«, »Schule und Berufsausbildung« überzeugt sofort.

MICHAEL HÄMMERLE

Industriekaufmann
geboren 21.06.1983 in Heilbronn
verheiratet, ein Kind

angestrebte Tätigkeit: Sachbearbeiter
aktuelle Situation: EDV-Fortbildung

BERUFSERFAHRUNG

07/2009–10/2013	Nagel Kartonagen GmbH Esslingen Position: Informationsmanagement Datenbankarbeit, Fachkorrespondenz, Öffentlichkeitsarbeit
01/2006–06/2009	Elektroanlagen Jakob Mannheim Position: Personalverwaltung
2003–2005	Krauss Maschinenbau AG Mannheim Industriekaufmann

SCHUL- UND BERUFSAUSBILDUNG

03/2007–09/2009	»Personalverwaltung und Personalmanagement« Fachkurs des Instituts für Weiterbildung Mannheim
1999–2003	Ausbildung zum Industriekaufmann bei der Krauss Maschinenbau AG Mannheim
1989–1998	Haupt- und Handelsschule Heilbronn

SPRACHKENNTNISSE

gute Englischkenntnisse in Wort und Schrift
sehr gute Orthografie-, Interpunktions- und Grammatik-
kenntnisse der deutschen Sprache
eigenständige Korrespondenzerfahrung

EDV-ERFAHRUNG

MS Office Professional mit Textverarbeitung,
Tabellenkalkulation und Datenbankprogramm,
aktuelle Fortbildung EDV beim Arbeitsamt Esslingen
seit 12/2013

FÜHRERSCHEIN
Klasse B

ENGAGEMENT
Mitglied im Heimatkundlichen Verein Esslingen

INTERESSEN
Bergsteigen, Schach

ZU MEINER PERSON

Mein Lebenslauf steht für kontinuierliche Weiterbildung, Leistungsbereitschaft
und Lernfähigkeit.

Ich verfüge über fundierte Erfahrungen in den Bereichen Organisation und
Administration. Zu betonen sind meine guten Sprachkenntnisse und deren
Anwendungssicherheit.

Die Arbeit hat in meinem Leben einen besonderen Stellenwert, sodass konkrete
berufliche Ziele für mich eine wichtige Rolle spielen. Ich möchte mich sehr gern
mit vollem Engagement der von Ihnen beschriebenen Aufgabe widmen.

Esslingen, 15. Mai 2014

Michael Hämmerle

Aufbau: die Abschnitte »Engagement« und »Interessen« führen sicherlich zu Nachfragen während des Vorstellungsgesprächs – gute Anknüpfungspunkte!

Bemerkenswert: diese Seite überrascht. Zunächst wurden die Rubriken »Sprachkenntnisse«, »EDV«, »Führerschein«, »Engagement« und »Interessen« gelungen abgehandelt.

Im Zentrum der Aufmerksamkeit steht jedoch sofort der Fließtext am Ende der Seite mit der Überschrift »Zu meiner Person«, der das Auge des Betrachters fesselt.

Da verweilt man gerne einen entscheidenden Moment länger.

Dieser Absatz macht neugierig. Die drei kurzen Textabschnitte lässt man sich nicht entgehen und so gelangen wertvolle Botschaften ins Bewusstsein des Lesers.

Das unten angefügte Statement ist nicht nur außergewöhnlich, sondern auch ein guter Grund für eine Einladung zum Vorstellungsgespräch.

Anlagenverzeichnis: rundet die Bewerbung ab. Sehr gut und sinnvoll ist die Abfolge der Anlagen: erst die Arbeitszeugnisse und darauf folgend die Prüfungszeugnisse. Aus Platzgründen haben wir die genannten Anlagen nicht abgedruckt.

Und jetzt? Für wen würden Sie sich entscheiden?

Oder was würden Sie den Bewerbern empfehlen anders, besser zu machen?

Gar nicht so einfach ...

Wir arbeiten tagtäglich an Bewerbungen und versichern Ihnen, es gibt nichts, was man nicht noch besser machen könnte! Auch wenn diese beiden Bewerbungen schon sehr gut sind. Uns gefällt übrigens die zweite ein klein wenig besser. Sagen wir mal so, diese bekäme 8 von 10 Punkten, die erste 7!

ANLAGEN

Arbeitszeugnisse

Nagel Kartonagen GmbH, Esslingen

Elektroanlagen Jakob, Mannheim

Krauss Maschinenbau AG, Mannheim

Prüfungszeugnisse

Institut für Weiterbildung, Mannheim

Industrie- und Handelskammer Mannheim

Jobsuche und Jobchancen

Bevor Sie sich schriftlich bewerben, gilt es zu entscheiden, was für eine Art Arbeit Sie bevorzugen und wo Sie diese suchen wollen. Dazu können Sie sich beispielsweise Stellenanzeigen in Zeitungen und natürlich im Internet anschauen, um festzustellen, was Sie anspricht und warum. Die Dinge, die für Sie an einem neuen Job wichtig sind, schreiben Sie auf. So finden Sie nach und nach heraus, was Sie wollen und welche Arbeitgeber für Sie infrage kommen, aber auch was diese sich von Bewerbern so wünschen.

Haben Sie ermittelt, welche Aufgaben und welche Position Sie anstreben, können Sie auf verschiedenen Wegen geeignete Arbeitgeber ansprechen:

- im Internet auf Stellenanzeigen antworten, z. B. bei Jobbörsen

- auf Stellenangebote in Zeitungen und Zeitschriften antworten

- eigene Stellengesuche aufgeben

- eigene Stellengesuche oder Profile bei Jobbörsen und Unternehmen hinterlegen

- sich initiativ bei Unternehmen Ihrer Wahl bewerben

- Freunde und Bekannte um Unterstützung bei Ihrer Jobsuche bitten

Nutzen Sie unbedingt auch Ihre persönlichen und beruflichen Kontakte (Stichwort Networking): Je mehr Menschen wissen, dass Sie einen neuen Arbeitsplatz suchen, desto schneller werden Sie einen finden. Bitten Sie Freunde, Verwandte sowie (ehemalige) Arbeitskollegen und Bekannte um Unterstützung und gezielte Hinweise. Bestimmt weiß jemand, wo Leute mit Ihren Fähigkeiten eingestellt werden, oder kennt Firmen- oder Personalchefs, mit denen Sie sprechen könnten. Überlegen Sie, wen Sie ansprechen, und erstellen Sie eine Liste dieser Personen.

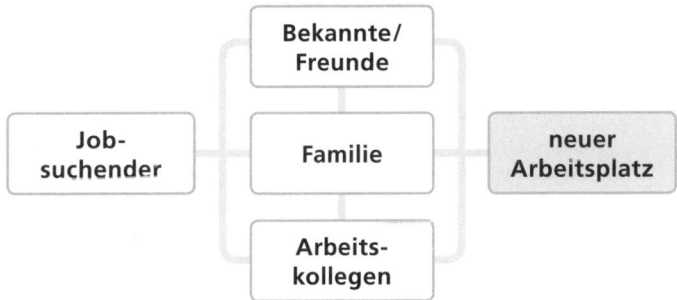

 **TIPP**

Der sicherste Weg zum Vorstellungsgespräch führt über Bekannte oder über Bekannte von Bekannten, die Ihren Wunscharbeitgeber kennen. Jede Person, die Sie kennen, kommt als Kontaktvermittler infrage.

Stellenanzeigen in Tageszeitungen

Sie finden Stellenangebote in fast allen deutschen Tageszeitungen. Es gibt drei Varianten:

- Anzeigen, die eine direkte Kontaktaufnahme mit der Firma ermöglichen.

- Anzeigen, bei denen eine Personalberatungs- und Vermittlungsfirma zwischengeschaltet ist, die im Auftrag des Arbeitgebers die erste Bewerberauswahl übernimmt.

- Anzeigen, deren Auftraggeber unerkannt bleiben will und nur über Chiffrezuschrift an die Zeitung erreicht werden kann.

Schauen Sie sich die Anzeigen an, die für Sie infrage kommen, und notieren Sie sich die wichtigsten Punkte, die sie ansprechen. Dann können Sie in Ihrer Bewerbung auch besser auf das Unternehmen und seine Wünsche eingehen. Die Checkliste auf der rechten Seite hilft Ihnen, Stellenanzeigen zu untersuchen.

WICHTIG

Lassen Sie sich weder blenden noch verunsichern oder von Anzeigenformaten und »ausführlichsten« Anforderungen entmutigen.

Hier gilt das Gleiche wie für Sie als Bewerber: Ein schlechter Text bedeutet nicht automatisch eine schlechte Firma bzw. Aufgabe und umgekehrt, ein guter Text ist keine Garantie, dass die Arbeitswirklichkeit auch tatsächlich so aussieht.

Immer wichtiger: Stellenmärkte im Internet

Fast alle Unternehmen nutzen das Internet, um neue Mitarbeiter anzuwerben. Über 90 % der 1.000 größten deutschen Unternehmen veröffentlichen ihre Stellenausschreibungen (auch) auf der eigenen Webseite. Über 70 % der Unternehmen nutzen regelmäßig die kommerziellen Jobbörsen im Internet. Und wer den möglichen Arbeitgeber bereits kennt, findet auf der firmeneigenen Webseite neben aktuellen Jobangeboten auch interessante Informationen zu neuen Projekten, Firmenphilosophie oder Mitarbeiterzahlen.

Inzwischen gibt es weit über 300 Adressen, unter denen Arbeitgeber offene Stellen anbieten. Geben Sie hier die Branche, in der, und den Ort, an dem Sie arbeiten möchten, ein. So können Sie die Angebote herausfiltern, die für Sie infrage kommen.

Viele Anbieter haben sich auf einen bestimmten Bereich spezialisiert. Manche der Jobbörsen bieten Bewerbern (eventuell gegen eine Gebühr) an, ihre »Lebensläufe« einzustellen, sodass auch Arbeitgeber diese bei Interesse einsehen können.

CHECKLISTE

So analysieren Sie eine Stellenanzeige

✓ Wie wirkt die Anzeige auf Sie (Format, Gestaltung, Text)?

✓ Um was für ein Unternehmen handelt es sich (Kleinbetrieb, Mittelständler, Konzern, öffentlicher Dienst)?

✓ Wie stellt sich das Unternehmen dar (modern, international, konservativ)?

✓ Was wird zu den Produkten oder Dienstleistungen ausgesagt?

✓ Können Sie mit der Aufgabenbeschreibung, dem zukünftigen Tätigkeitsfeld etwas anfangen?

✓ Sind die beruflichen und persönlichen Anforderungen an den Bewerber klar zu verstehen?

✓ Werden berufliche Spezialkenntnisse verlangt?

✓ Werden besondere Persönlichkeitsmerkmale angesprochen?

✓ Welche Anforderungen (fachlich wie persönlich) erfüllen Sie?

✓ Welche Anforderungen werden Sie in naher Zukunft erfüllen können?

✓ Welche Anforderungen erfüllen Sie nicht und warum nicht?

✓ Was wird dem zukünftigen Mitarbeiter geboten?

✓ Wie sind diese Kriterien geregelt: Erfahrung, Mindest- oder Höchstalter, Arbeitszeit, Mobilität, Fortbildung, Entwicklungschancen?

✓ Und diese: Bewerbungsfrist, Bezahlung, Eintrittstermin, Einarbeitung?

✓ Können Sie sich eine Mitarbeit in diesem Unternehmen vorstellen?

✓ Können Sie sich eine Bewerbung für diese Stelle/Position vorstellen?

✓ Was könnten Sie dem Unternehmen in fachlicher wie auch in persönlicher Hinsicht anbieten?

✓ Was wissen Sie bereits über das Unternehmen und wo können Sie weitere Informationen erhalten?

✓ Sind in der Anzeige Ansprechpartner, Adresse, Telefon, Webseite benannt?

✓ Verspüren Sie Lust und ist es sinnvoll, sich mit der Anzeige und weiteren Recherchen dazu zu beschäftigen? Warum ja, warum nein?

**Die wichtigsten Stellenmarktadressen
(in alphabetischer Reihenfolge)**

- www.arbeitsagentur.de
- www.cesar.de
- www.jobpilot.de
- www.jobrobot.de
- www.jobscout24.de
- www.jobware.de
- jobs.zeit.de
- www.monster.de
- www.stellenanzeigen.de
- www.stellenmarkt.de
- www.stepstone.de

Metasuchmaschinen

- www.jobworld.de
- www.evita.de

Internationale Stellenmärkte

- www.cadresonline.com (Frankreich)
- www.job-consult.com (Europa)
- www.jobmonitor.com (Österreich, Schweiz)
- www.jobserve.com (weltweit)
- www.jobsite.uk (Europa)

Per E-Mail können Sie schnell Kontakt aufnehmen oder direkt Ihre Online-Bewerbung versenden. Für diese Kontaktaufnahme gibt es keinen allgemein verbindlichen Standard. Recherchieren Sie daher auf der Webseite, was das Unternehmen sich von Bewerbern wünscht.

Vor allem bei Großunternehmen gibt es oft Bewerbungsformulare zum direkten Ausfüllen. Andere Firmen bevorzugen E-Mail-Bewerbungen mit Anhang (Word- oder PDF-Datei). Lesen Sie zu diesen Formen der Bewerbung mehr auf S. 72 ff.

Jobchancen auch durch Zeitarbeit

Hat ein Unternehmen personelle Engpässe oder braucht es kurzfristig fähige Mitarbeiter, kann es sich über eine Zeitarbeitsfirma Personal beschaffen. Nicht nur gewerbliche Mitarbeiter, sondern zunehmend auch Angestellte der mittleren Ebene, hoch qualifizierte Spezialisten und erfahrene Führungskräfte werden über Zeitarbeitsunternehmen nachgefragt. Der Personaleinsatz kann dabei von vornherein befristet oder mit der Option auf Übernahme in ein festes Arbeitsverhältnis verbunden sein. So können beide Seiten – das Unternehmen, aber auch der »Leihmitarbeiter« – ohne Risiko testen, ob eine langfristige Zusammenarbeit sinnvoll ist. Erwartet werden vor allem Flexibilität und kurzfristige Verfügbarkeit. Der Weg über Zeitarbeitsunternehmen kann interessante Türen öffnen und Ihre Chancen auf einen Arbeitsplatz vergrößern.

Zeitarbeitsfirmen

- www.adecco.de
- www.dis-ag.com
- www.manpower.de
- www.persona.de
- www.randstad.de
- www.trenkwalder.com

Mit der richtigen Einstellung zum Ziel

Erfolgreiche Bewerbungen müssen Interesse wecken, noch besser: Neugier auslösen, also den Wunsch, Sie kennenzulernen, entstehen lassen. Beste Voraussetzung dafür ist ein sorgfältig getexteter Lebenslauf mit klaren Botschaften und einem sympathischen Foto. Ein auf den Punkt gebrachtes Anschreiben hilft, darf aber in seiner Funktion nicht überschätzt werden.

Der berufliche Werdegang stellt die Weichen. Insbesondere, was man zuletzt getan hat, die aktuellen Problemlösungserfahrungen und Erfolge, zählen, denn der Arbeitsplatzanbieter hat ein Problem und hofft auf Hilfe. Sie sollen ihm helfen, sein Problem zu lösen. Logo! Also: Was ist Ihr konkretes Mithilfe-Angebot? Wenn Sie dies im Kopf haben, schreiben und bewerben Sie sich ganz anders und vor allem viel erfolgreicher.

Stichwort Eigen-Werbung: Wer heute als Bewerber auf dem Arbeitsmarkt erfolgreich sein will, geht am besten initiativ vor und hebt sich selbstbewusst von der Konkurrenz ab – Bewerber »verkaufen« ihr (Problemlösungs-)Können. Sie sind quasi Unternehmer/-in, Ihr Kunde ist der Arbeitsplatzanbieter. Entscheidend für Ihren Überzeugungserfolg bei Ihrem Kunden (dem Arbeitsplatzanbieter) ist die Trias aus Sympathie, Vertrauen und dem daraus resultierenden Zutrauen in Ihre Problemlösungsfähigkeiten.

Ihre Bewerbungsunterlagen

Klassisch oder digital

Schriftlich auf Papier oder digital auf Ihrem PC oder Notebook? Der Trend geht zur digitalen Bewerbung und hat längst die 50-%-Marke erreicht, in bestimmten Branchen schon überschritten.

Zwei Formen sind hier zu unterscheiden: E-Mail-Bewerbung und Online-Bewerbung. Bei der E-Mail-Bewerbung versenden Sie Ihre Unterlagen (anstatt im Umschlag per Post) per Mail, sodass sie vom Empfänger ausgedruckt werden könnten. Die Grundlagen sind genau wie bei der klassisch schriftlichen Bewerbung auf Papier, nur eben mit dem Computer erstellt, gespeichert und versandt.

Die Online-Bewerbung stellt sich zunächst ganz anders da. Eine Art digitaler Fragebogen ist am Computer auszufüllen. Manchmal sind es weniger als 50, bisweilen aber auch mehr als 100 Fragen, die Sie zu beantworten (einzutippen) haben. Hier gibt es wenig Gestaltungsspielraum und die Ästhetik spielt überhaupt keine Rolle. Nicht selten verlangt man aber auch dabei noch zum Schluss ein angehängtes Dokument von Ihnen: Ihren Lebenslauf. Sie kommen also nicht umhin, diesen anzufertigen!

In einer Studie wurde festgestellt, dass jeder zweite Arbeitnehmer (53 %), der seinen Job als unsicher einstuft, via Internet nach einer neuen Stelle sucht. Bei den Arbeitslosen sind es sogar 87 %, die online recherchieren. Jeder dritte Nutzer ab 18 Jahren sucht im Internet. Besonders junge Bewerber setzen darauf. Aber auch wenn Sie schon 50plus sind, zögern Sie nicht, sich mit dieser Methode der Kontaktanbahnung intensiv auseinanderzusetzen.

Bewerbungsunterlagen im PDF-Format, eigene Homepage, Selbstpräsentation in Business-Communities wie XING und LinkedIn, Blogs oder Facebook – die Möglichkeiten, sich und seine Arbeitskraft zu präsentieren sind heutzutage vielfältiger denn je. Aber bitte keine Details aus dem Privatleben, Urlaubsschnappschüsse und sehr persönliche Vorlieben oder Meinungen! Dies alles gehört nun wirklich nicht in die breite Arbeitswelt-Öffentlichkeit. Insbesondere junge Bewerber sollten darauf achten: Das Internet vergisst nichts! Und zwei von drei Personalentscheidern googeln die Namen ihrer Bewerbungskandidaten. Googeln Sie Ihren Namen einmal selbst und schauen Sie, was sich da alles finden lässt.

Ihren Lebenslauf und die beruflichen Werdegangs-Daten sowie Ihre Botschaft, warum Sie der/die Beste für den Job sind, sollten Sie unbedingt zuerst schriftlich dokumentieren. Sie werden erleben, dass konservative Branchen (Banken, Handel, Versicherungen, aber auch noch große Teile der Industrie und Dienstleister, insbesondere mittelständische und kleine Unternehmen) immer noch den Klassiker bevorzugen: Anschreiben, Lebenslauf, Zeugnisse und eventuell sogar auch Arbeitsproben, oftmals noch per Post, häufiger aber per E-Mail, zugesandt.

Und letztendlich: Ohne eine persönliche Begegnung (das muss nicht unbedingt ein herkömmliches Vorstellungsgespräch sein) geht es dann doch nicht. Am Ende entscheidet meistens das Gefühl – wenn sich Menschen sympathisch sind, sich ein wenig ver- und etwas zutrauen. Wie man in außergewöhnlichen Begegnungen mit anderen seine »Dienstleistung« anbietet, erfahren Sie im zweiten Teil dieser 1x1-Reihe (*1x1 Das erfolgreiche Vorstellungsgespräch*). Hier geht es jetzt um die wichtigsten Spielregeln in der Arbeitswelt beim ersten Schritt auf den Arbeitsplatzanbieter zu.

Ob off- oder online – die **K-L-P-Formel** öffnet die Türen: **Kompetenz**, **Leistungsmotivation** und die **Persönlichkeit** als komprimierte aber durchdachte Botschaften führen am sichersten zum Erfolg.

Standards und Patentrezepte oder »Erlaubt ist, was gefällt«

In einigen Bewerbungsratgebern finden Sie immer wieder Empfehlungen und Regeln wie: »Benutzen Sie nur weißes Papier«, »Nennen Sie keinesfalls Hobbys, dafür aber Ihre Gehaltsvorstellung« und vielerlei mehr. Manche Aussagen sind dabei widersprüchlich und verunsichern eher, als zu helfen. Vergessen Sie das alles! Je nach Branche und Bewerbertyp gibt es sicherlich Grenzen für die kreative und persönliche Gestaltung einer Bewerbung. Aber innerhalb dieser existieren viele Möglichkeiten, die Sie nutzen sollten.

Durch unsere tagtägliche Beratung von Bewerbern wissen wir, welche modischen Entwicklungen und Trends es gibt, und prüfen diese ständig auf Praxistauglichkeit. Falls Sie sich beispielsweise entscheiden, Ihre Bewerbung per Hand auf feuerrotem Papier mit grüner Tinte zu schreiben, kann das durchaus Erfolg haben, wenn es sich um einen eher kreativen Tätigkeitsbereich handelt. Klar ist jedoch, dass das gleiche Vorgehen bei einer großen Bank wahrscheinlich dazu führt, dass die Bewerbung im Papierkorb landet.

Es gibt nicht den Königsweg für die hundertprozentig erfolgreiche schriftliche Bewerbung. Und so kann man mit einem neuartigen Bewerbungsdesign nicht jeden Personalchef überzeugen und muss eventuell damit leben, dass fünf von zehn mit dem Kopf schütteln und Ihnen alles zurückschicken.

Sehr wahrscheinlich aber werden ein, zwei Personalauswähler Ihr besonderes Engagement zu schätzen wissen und entsprechend positiv darauf reagieren. Und nur darauf kommt es an. Sie sollten wissen, was Sie wollen. Es ist kaum möglich, jeden zu überzeugen und Everybody's Darling zu sein.

Sie können ganz unterschiedliche Elemente in Ihre Bewerbungsunterlagen integrieren. Einige davon sind »Pflicht«, andere nicht (mit *gekennzeichnet).

Richtig betrachtet handelt es sich bei Ihren Bewerbungsunterlagen um ein Werbeprospekt in eigener Sache. Denn: Bewerben bedeutet Werbung machen, sich um etwas bewerben, jemanden umwerben – auf sich selbst und seine Fähigkeiten, sein Dienstleistungsangebot aufmerksam zu machen.

Überblick

Die Elemente der Bewerbungsunterlagen

- Anschreiben (möglichst knapp, 1 Seite, s. S. 57 ff.)
- *Deckblatt mit persönlichen Daten und Foto (s. S. 44 f.)
- Foto (sehr wichtig, s. S. 40 ff.)
- Lebenslauf (1 bis 3 Seiten lang, s. S. 26 ff.)
- Berufliche Stationen
- Aus- und Weiterbildung
- ggf. Studium, Schule
- Hobbys, Interessen, Engagement
- *»Dritte Seite«, Resümee (kurz, unter 1 Seite, s. S. 46 f.)
- *Anlagenverzeichnis (s. S. 48 f.)
- Anlagen (Arbeits- und Ausbildungszeugnisse)

(*kann, muss aber nicht enthalten sein)

| Bewerbungs-unterlagen / Bewerbungs-mappe | = | Werbeprospekt in eigener Sache |

Apropos: Unternehmer, Arbeitnehmer, Arbeit-geber, Kunde. Wir sagten es bereits, es ist aber so wichtig:
Sie (der für sich Werbende) sind ein Unternehmer. Sie bieten am Arbeitsmarkt Ihre Dienste und Ihre Fähigkeiten an. Damit ist Ihr Adressat (der Empfän-ger Ihrer Bewerbungsunterlagen) Ihr potenzieller Kunde und der Einkäufer Ihrer Dienstleistung. Das ist vielleicht eine etwas andere und für Sie neue Sichtweise, aber es lohnt sich, darüber nachzudenken.

Was ist das Wichtigste bei Ihren Bewerbungs-unterlagen? Wohin sieht der Auswähler zuerst? Auf das Anschreiben, den Lebenslauf? Worauf kommt es ganz besonders an? Nein, es sind nicht das Anschreiben oder die Zeugnisse … Sicher, das alles ist sehr wichtig … Das Wichtigste ist jedoch Ihr Foto! Ein sympathisches Foto, das positive Gefühle auslöst, das Vertrauen schafft und damit Zutrauen in Ihre Person und in Ihre Fähigkeiten erweckt! In Ihren Bewerbungsunterlagen ist Ihr Foto der wichtigste Träger Ihrer Persönlichkeit, denn Menschen werden vor allem von Gefühlen gesteuert und ein Bild sagt bekanntlich mehr als tausend Worte (s. S. 40 ff.).

WICHTIG

Oftmals sind Ihre Bewerbungsunterlagen das erste und entscheidende Auswahlkrite-rium und die allererste Arbeitsprobe, die Sie anbieten.

Zum Aufbau Ihrer Bewerbungsunterlagen

Am besten entscheiden Sie zuerst, wie Ihre Bewerbungsmappe (egal ob auf Papier oder digital) insgesamt aussehen soll. Welche Seiten wollen Sie in welcher Abfolge präsentieren? Vergleichen Sie die Bewerbung mit einem Kinofilm: Wie soll das »Drehbuch« Ihres »Erfolgsfilms« aussehen?

Wichtig für den Drehbuch-Vergleich

Alle Rollen werden durch Sie besetzt. Sie sind der Produzent, Drehbuchautor, Regisseur und, wenn Sie zum Vorstellungsgespräch eingeladen werden, der Hauptdarsteller. Als Drehbuchautor müssen Sie wissen, was Sie Ihrem Publikum vermitteln wollen und auf welche Art das geschehen soll. Für Ihre Unterlagen bedeutet dies: Was soll wie auf welchen Seiten stehen?

WICHTIG

Das Anschreiben wird niemals in die Bewerbungsmappe eingeheftet. Es liegt immer lose gesondert oben auf der Mappe. Es verbleibt beim Empfänger, falls er Ihre Unterlagen zurückschickt.

Wir zeigen Ihnen verschiedene Varianten in Form von Skizzen. Betrachten Sie diese Vorschläge als Anregung. Sie allein entscheiden, was Sie für sich in Anspruch nehmen wollen und was nicht. Je kritischer Sie in die Planung auch des Inhalts jeder einzelnen Seite gehen, desto leichter fällt Ihnen die Umsetzung. Ein vorher entwickeltes Konzept hilft dabei, viel Zeit zu sparen.

Wie umfangreich die Unterlagen insgesamt werden, bestimmen Sie selbst. Junge Bewerber mit wenig Berufserfahrung werden eher weniger zusammenstellen (zwei, drei Seiten plus Anlagen) als erfahrene Kandidaten, die schon einmal auf sechs bis acht Seiten kommen können (Deckblatt, ausführliche Selbstdarstellung, Anlagenverzeichnis usw.).

Vorsicht: Versuchen Sie nicht, die Bewerbungsunterlagen künstlich aufzublähen: Nicht alles, was ein Bewerber zu bieten hat, gehört in die Unterlagen. Da ist oft weniger mehr!

Der Aufbau Ihrer Bewerbungsmappe

Hier zeigen wir Ihnen die besten Möglichkeiten, wie Sie Ihre Unterlagen zu einer Mappe zusammenstellen können. Zu den verschiedenen Varianten der E-Mail-Bewerbung s. S. 73.

Die einfache Bewerbung

| Anschreiben | Lebenslauf (evtl. 2 Seiten) | Zeugnisse |

Das ist die allgemein übliche Form. Das Anschreiben, dann folgen ein oder zwei Seiten Lebenslauf, zum Schluss kommen die Anlagen (Arbeits- und Ausbildungszeugnisse etc.).

Eine ausführlichere Version

| Anschreiben | Deckblatt | Lebenslauf (evtl. 2 Seiten) | Übersicht Anlagen | Zeugnisse |

Ein Anschreiben und ein Extra-Deckblatt zu Beginn, dann folgt auf einer oder zwei Seiten der Lebenslauf, anschließend eine Anlagen-übersicht und die Anlagen (Arbeits- und Ausbildungszeugnisse etc.).

Eine besondere Version

| Anschreiben | Deckblatt Übersicht Arbeits-schwer-punkte | Lebenslauf (evtl. 2 Seiten) | Dritte Seite |
| Übersicht Anlagen | Zeugnisse |

Auf das Anschreiben folgt ein Deck-blatt, darauf eventuell ein Überblick über Fähigkeiten/Arbeitsschwer-punkte, die Ausgangssituation und die beruflichen Ziele. Dahinter sind der Lebenslauf und dann – hier neu – die »Dritte Seite« (sie enthält eine spezielle Botschaft für den Leser, s. S. 46) platziert. Das Anla-genverzeichnis und die Anlagen runden das Ganze ab.

Ihr Lebenslauf

Aufbau, Abschnitte und Abfolgen

Die Angaben in Ihrem Lebenslauf entscheiden (neben dem Foto), ob Sie zum Vorstellungsgespräch eingeladen werden oder nicht. Denn hier stellen Sie Ihre Kompetenz und Leistungsmotivation dar. Das ist schon sehr wichtig und wenn zudem Ihr Foto gut für Sie wirbt, also Sympathie und Zutrauen entstehen lässt, dann will man Sie persönlich kennenlernen. Logisch!

Der übliche Lebenslauf ist eine bis drei Seiten lang. Er besteht aus einem »Kopf« (persönliche Daten wie Name, Geburtsdatum etc.), einem »Rumpf« (die Stationen des beruflichen Werdegangs) und den »Gliedmaßen« (Sonstiges, Hobbys, Datum, Unterschrift). Wir zeigen Ihnen gleich zwei typische Präsentationsformen.

Zuvor aber nochmals der Hinweis: Sie werden immer einen schriftlichen Lebenslauf (oder besser: beruflichen Werdegang) brauchen, egal ob Sie sich per Mail oder sogar per Online-Formular bewerben. Stellen Sie zu allererst diesen fertig ... Jetzt sehen Sie, welche Möglichkeiten es dabei gibt:

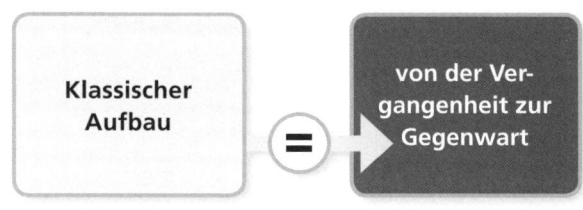

Klassischer Aufbau = von der Vergangenheit zur Gegenwart

Hier beginnen Sie nach der Überschrift und Ihren persönlichen Daten mit der Schulausbildung, dann folgen Berufsausbildung, gegebenenfalls Wehrdienst und danach Ihre Jobs vom ersten nach der Ausbildung bis zur aktuellen beruflichen Situation. Diese Vorgehensweise nimmt jedoch immer mehr an Bedeutung ab. Sie ist aber vor allem bei Bewerbungen für Handwerksberufe oder in Kleinbetrieben noch sehr akzeptiert.

- Überschrift
- Persönliche Daten und Foto
- Schule
- Ausbildung/Fach- oder Hochschulstudium
- Wehr-/Zivildienst/freiwilliges soziales Jahr
- Berufstätigkeit: von der ersten Station bis zur aktuellen
- Berufliche/außerberufliche Weiterbildung
- Besondere Kenntnisse (Sprachen, EDV, Führerschein etc.)
- Engagements/Hobbys/Interessen/Sonstiges
- Ort, Datum, Unterschrift

WICHTIG

Einen Lebenslauf kann man in der Regel nur ein einziges Mal verwenden. Wenn er wirklich überzeugen soll, muss er individuell auf den anvisierten Arbeitsplatz zugeschnitten sein und entsprechend »frisch« wirken.

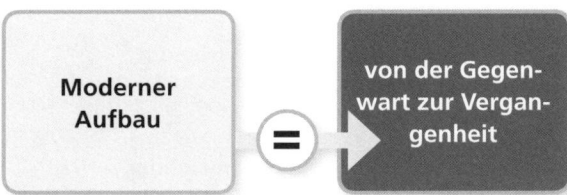

Nach der Überschrift und den persönlichen Daten berichten Sie Ihrem Leser, was Sie momentan beruflich machen, anschließend was unmittelbar davor war usw. Sie gehen den umgekehrten Weg, also vom Jetzt in die Vergangenheit. Diese Vorgehensweise wird zunehmend bevorzugt und ergibt auch mehr Sinn, da die aktuelle berufliche Position (in den meisten Fällen) die wichtigste Informations- und Entscheidungsgrundlage für den Personalauswähler ist.

- Überschrift
- Persönliche Daten und Foto
- Berufstätigkeit: von der aktuellen Station bis hin zur ersten
- Berufliche/außerberufliche Weiterbildung
- Berufsausbildung/Fach- oder Hochschulstudium, Schule
- Wehr-/Zivildienst/freiwilliges soziales Jahr
- Besondere Kenntnisse (Sprachen, EDV, Führerschein etc.)
- Engagements/Hobbys/Interessen/Sonstiges
- Ort, Datum, Unterschrift

Der berufliche Werdegang zählt

Im Lebenslauf geht es nicht wirklich um Ihre Lebensgeschichte. Informationen über Geburtsort, Eltern und Geschwister, Kindergarten und Grund- sowie Oberschule, Ausbildung, frühe berufliche Erfahrungen, Wohnortwechsel, eventuell Heirat und Familiengründung interessieren nur am Rande. Ihr beruflicher Werdegang soll vermitteln, ob Sie für den angebotenen Arbeitsplatz Kompetenz und Leistungsmotivation mitbringen und als Gesamtpersönlichkeit infrage kommen. Eine komprimierte Beschreibung der aktuellen (oder letzten) Tätigkeit lässt den Leser am schnellsten erkennen, ob Sie für die Lösung seines Problems geeignet sind. Deshalb überlegen Sie vorher, was Sie dem potenziellen Arbeitgeber an Infos anbieten.

Sie müssen die Lebenslaufabschnitte nicht unbedingt in einer ganz bestimmten Reihenfolge anordnen. Wenn Sie die persönlichen Daten bereits an anderer Stelle in aller Ausführlichkeit abgehandelt haben (z. B. auf dem Deckblatt oder einer Einleitungsseite), können Sie auch gleich mit der aktuellen Berufstätigkeit beginnen, gefolgt von der beruflichen Weiterbildung und den besonderen Kenntnissen. Die Schulausbildung und sonstige erwähnenswerte Interessen (Hobbys, Engagement) bilden dann den Abschluss. Der Leser sollte nur schnell einen guten Überblick über die von Ihnen als wichtig erachteten Informationen bekommen. Solange Sie das beachten, haben Sie im Prinzip Freiheit in der Gestaltung der Reihenfolge.

1. Kopf

Überschrift
▶ »Lebenslauf« oder »Beruflicher Werdegang« – es geht aber auch ohne Überschrift

Foto und persönliche Daten
▶ Das Foto wird (falls Sie kein Deckblatt haben) oben rechts, mittig oder links platziert. Nicht klammern oder heften, sondern kleben oder in guter Qualität in die Datei einfügen und mit ausdrucken. Gegebenenfalls auf die Rückseite des Fotos den Namen schreiben.

▶ Vor- und Zuname, dahinter, wenn möglich, die Berufsbezeichnung, Ihr berufliches Ziel und Ihre Ausgangssituation

▶ Anschrift, Telefon-, Handynummer, E-Mail

▶ Geburtsdatum und -ort

▶ Religionszugehörigkeit (nur üblich für Bewerbungen bei kirchlichen Arbeitgebern)

▶ evtl. Familienstand, ggf. Zahl und Alter der Kinder

▶ Staatsangehörigkeit (nur wenn Sie nicht die deutsche Staatsbürgerschaft haben bzw. Ihr Name dies vermuten lässt)

2. Rumpf

Berufstätigkeit / Ausbildung
▶ Berufsbezeichnungen, -positionen, Funktionen, evtl. Kurzbeschreibung, ggf. Erfolge

▶ Arbeitgeber mit Ortsangaben (mit Zeitangaben)

▶ ggf. Art der Berufsausbildung

▶ ggf. Ausbildungsfirma/-institution, evtl. mit Ortsangabe

▶ ggf. Abschluss, evtl. mit Hinweis auf besonderen Erfolg

ggf. berufliche Weiterbildung
▶ alles, was mit Ihrer Berufspraxis in Zusammenhang steht

ggf. außerberufliche Weiterbildung
▶ z. B. Fremdsprachenkurse, EDV-Kurse etc.

ggf. Sonderinformationen
- ▶ z. B. über Auslandsaufenthalte während der Schulzeit/
  des Studiums/der Berufstätigkeit

ggf. Fach- oder Hochschulstudium
(oder vergleichbare Ausbildung)
- ▶ Fach/Fächer
- ▶ Name und Ort der Hochschule
- ▶ Schwerpunkte
- ▶ ggf. Thema der Examensarbeit
- ▶ Art der Examina

Schulbildung
- ▶ besuchte Schulen (Typen)
- ▶ Schulabschluss (keine sonstigen, überflüssigen Details)

(alle Informationen mit grober Zeitangabe)

Besondere Kenntnisse
- ▶ Fremdsprachen, EDV, Führerschein usw.

Hobbys/Interessen/Engagement
- ▶ ehrenamtliches und/oder soziales Engagement, Sport (wichtig),
  künstlerische Interessen, politisches Engagement (Vorsicht!
  Nur wenn es zum Arbeitgeber passt!)
- ▶ die dargestellten Inhalte sollten dabei zu Ihnen und Ihrer Bewerbung
  um den speziellen Arbeitsplatz passen

Ort, Datum, Unterschrift
- ▶ den Namen nicht computerschriftlich wiederholen!

2. Rumpf

3. Gliedmaßen

Übersicht:
Aufbauschema Lebenslauf

Briefkopf (evtl.)
Vor- und Zuname, Beruf, Adresse, Telefonnummer, E-Mail-Adresse

Persönliche Daten

Vor- und Zuname
Adresse (falls kein Briefkopf)
Geburtsdatum und -ort
ggf. Religionszugehörigkeit
ggf. Familienstand
ggf. Staatsangehörigkeit
ggf. Zahl und Alter der Kinder

Foto

Berufspraxis

Zeitangaben	die ausgeübte Tätigkeit bzw. Beschäftigung, Unternehmen, Ort

Weiterbildung

Zeitangaben	berufliche und außerberufliche Weiterbildung, Zertifikate Sonderinformationen wie Fremdsprachen

Ausbildung

Zeitangaben	ggf. Ausbildungsgang, Unternehmen, Ort ggf. Hochschulstudium: Fächer, Schwerpunkte, Abschluss

Schulbildung

Zeitangaben	besuchte Schulen und Abschluss

Kenntnisse und Interessen

besondere Erfahrungen und Hobbys/Interessen/Engagement

Ort, aktuelles Datum

Unterschrift
in blauer Tinte, leserlich mit Vor- u. Zunamen unterschreiben

Nicht alles muss in den Lebenslauf

Viele Angaben im Lebenslauf sind »Kann-Bestimmungen«. Die Nennung des Familienstandes ist beispielsweise nicht zwingend notwendig. Abzuraten ist von Selbstbeschreibungen wie »geschieden« oder »wiederverheiratet«, gegebenenfalls schreiben Sie »verheiratet« oder »unverheiratet«. Besonders Frauen sollten nicht die Zahl und das Alter ihrer kleinen Kinder oder womöglich deren Namen nennen. Es kann jedoch von Vorteil sein, das Alter der Kinder anzugeben, wenn sie aus dem betreuungsintensivsten Alter (0 – 12 Jahre) heraus sind. Auf diese Weise können Sie eventuelle Arbeitgeberängste beruhigen, zeitweise wegen Ihrer Kinder nicht voll einsatzfähig zu sein.

Wenn Sie eine Kinder- und Familienphase hinter sich haben, so gibt es nichts zu verstecken. Seien Sie nicht zu bescheiden: Sie waren nicht »Nur-Hausfrau«, sondern sozusagen Chefin eines kleinen »Familienunternehmens«. Sie haben zu Hause gelernt, einen »Betrieb« am Laufen zu halten und dessen Mitglieder fortwährend zu motivieren. Auf den Gebieten soziale Kompetenz, Organisationsvermögen, Flexibilität, Belastbarkeit und Zeitmanagement macht Ihnen so leicht niemand etwas vor.

Überschrift

Am weitesten verbreitet ist die Überschrift »Lebenslauf«, schon deutlich seltener liest man »Beruflicher Werdegang«. Es geht aber auch ganz ohne. Entscheiden Sie, was besser zu Ihnen und Ihrer Präsentation passt.

Persönliche Daten

Überblick _____

- Vor- und Zuname
- wenn möglich: Berufsbezeichnung
- wenn möglich: Ihr berufliches Ziel
- wenn möglich: Ihre Ausgangssituation
- Geburtsdatum und -ort
- evtl. Familienstand
- evtl. Anzahl der Kinder
- komplette Anschrift mit Telefon-/ Handynummer, E-Mail-Adresse
- ggf. Religionszugehörigkeit (nur üblich für Bewerbungen bei kirchlichen Arbeitgebern)
- ggf. Staatsangehörigkeit

Neben den aufgezählten Standardinhalten dürfen Sie schon an dieser Stelle auf besondere Erfolge, Engagements, Interessen oder Hobbys hinweisen, wenn sie zu Ihrem Persönlichkeitsbild beitragen. Das Gleiche gilt für Mitgliedschaften in Parteien, Gewerkschaften oder anderen Einrichtungen und Institutionen (aber nur wenn's passt!).

Namen und Berufe der Eltern sollten (wenn überhaupt) nur bei Ausbildungsplatzsuchenden angeführt werden. Für den Fall, dass Sie Kinder haben und diese noch in einem betreuungsintensiven Alter sind (0–12 Jahre), lassen Sie Altersangaben besser weg. Bei der Ausgangssituation ist es besser, die Formulierung »arbeitsuchend« zu vermeiden (s. Beispiel S. 12).

Alle diese persönlichen Daten haben gegebenenfalls auch Platz auf dem Deckblatt oder der ersten Seite (s. S. 44) und können da wie dort durch das Foto sinnvoll flankiert werden (s. S. 40). Sollten Sie den Schwerpunkt dieser Daten an anderer Stelle abhandeln, reicht die Angabe des Namens, der Berufsbezeichnung und des Geburtsdatums (oder eine Altersangabe), um zum nächsten Abschnitt überzugehen.

Berufstätigkeit

Diese Rubrik ist von zentraler Bedeutung für das Bild, das sich der Leser von Ihnen und Ihrer beruflichen Kompetenz macht. Zeigen Sie, womit Sie glänzen können. Wenn ein gestandener Berufsvertreter, der beispielsweise fünf Jahre lang eine Maschinenfabrik erfolgreich als Geschäftsführer geleitet hat, in seinem Lebenslauf mit den einfachsten Diensten beginnt (vom 1.1.1980–31.12.1983: Feinblechner bei der Firma XY), vertut er eine Chance, den potenziellen Arbeitgeber zu beeindrucken. Die angeführten Arbeitgeber können Sie unterschiedlich ausführ-

lich beschreiben. Das Gleiche gilt für die Skizzierung der ausgeübten Position inklusive der besonderen Aufgabenstellung und Verantwortlichkeit und der von Ihnen erzielten Erfolge. Die aktuelleren Daten sind wichtiger und erfordern mehr Darstellung/Informationen als die zeitlich deutlich weiter zurückliegenden.

Bereits unter dieser Rubrik können Sie auch Ihre Berufsausbildung aufführen. Liegt diese noch nicht sehr lange zurück (unter fünf Jahre), dürfen Sie hier auf besondere Schwerpunkte verweisen, wenn es zur angestrebten neuen Position und Aufgabe passt.

Orts- und Zeitangaben

Orts- und Zeitangaben müssen Sie für die Stationen Ihrer Berufstätigkeit der letzten fünf bis zehn Jahre angeben. Sie geben dabei die Monats- und Jahreszahl an (z. B. 01/2008–07/2014 – Vertriebsmitarbeiter bei Firma XY, Tübingen). Bei allem, was zehn Jahre und mehr zurückliegt, brauchen Sie nur noch eine Jahresangabe zu machen (z. B. 1997–1999 – Ausbildung zum Elektriker).

Berufliche und außerberufliche Weiterbildung

Hier nennen Sie alle ergänzenden Maßnahmen, die Ihre Kenntnisse und Fähigkeiten unter beruflichen Gesichtspunkten vorangebracht haben, wie beispielsweise klassische Weiterbildungsmaßnahmen des Arbeitgebers bis hin zu privat initiierten

Fortbildungsaktivitäten, z. B. das Erlernen einer Fremdsprache oder spezielle EDV-Kurse. Manche Bewerber führen an dieser Stelle auch die Besuche von Fachtagungen und Messen an. Hier sind Orts- und Zeitangaben nicht bis ins letzte Detail notwendig. Die einfache Jahreszahl ist meist ausreichend.

Berufs-und Hochschulausbildung

Die Berufsausbildung erfordert wenige Informationen: Angaben zum Ausbildungsfach und -betrieb mit entsprechender Zeitangabe. Das Nennen der Abschlussnote ist eher unüblich (Ausnahme: direkt nach der Ausbildung). Als Zeitangabe Monat und Jahr aufführen; wenn alles länger zurückliegt (über drei Jahre), reicht die Jahresangabe.

Haben Sie eine Fach- oder Hochschule besucht, so geben Sie Namen und Ort an. Die Studienfächer (gegebenenfalls Haupt- und Nebenfächer) und die Abschlüsse sollten Sie ausführlicher darstellen, eventuell ergänzt durch den Hinweis auf Studienschwerpunkte, bekannte Professoren und das Thema der Abschlussarbeit, gegebenenfalls der Dissertation. Die Noten für diese Arbeiten können ebenso aufgeführt werden wie die Gesamtabschlussnote, sofern dies alles weniger als fünf Jahre zurückliegt.

Haben Sie Ihr Studium ohne einen Abschluss beendet, so nennen Sie alle relevanten Daten. »Ehrenerklärungen« brauchen Sie nicht abzugeben – der eilige Leser wird den fehlenden Abschluss vielleicht gar nicht bemerken.

Wehrdienst, Zivildienst, freiwilliges soziales Jahr, Bundesfreiwilligendienst

Ob Sie bei der Marine als Funker tätig waren oder in einem Kinderheim für Schwerstbehinderte Ihren Zivildienst absolviert haben, stellt eine relevante Information dar. Diese wird je nach Arbeitgeber anders interpretiert und kann von Ihnen auch dazu benutzt werden, um bestimmte Erfahrungen oder Entwicklungen glaubhaft zu vermitteln.

Frauen und Männer, die sich für ein freiwilliges soziales Jahr entschieden haben, können die Angabe dieser Zeitspanne entsprechend für ihr Bewerbungsvorhaben nutzen. Zur Zeitangabe: gegebenenfalls Monat und Jahr; wenn es länger zurückliegt, reicht die Jahresangabe.

Schulbildung

Gehen Sie an dieser Stelle sparsam mit Detailinformationen um. Die Nennung von beispielsweise zwei Grundschulen (wegen eines Umzugs der Eltern) ist überflüssig und ohne Bedeutung für Ihr aktuelles Bewerbungsvorhaben. Glatte Jahreszahlen reichen aus; und wann genau Sie das Abitur mit welcher Durchschnittsnote absolviert haben oder die Realschule verließen, spielt nach über zehn Jahren keine Rolle mehr. Zweiter Bildungsweg und Abendgymnasium sind aber Kennzeichen Ihrer besonderen Leistungs- und Lernmotivation und sollten deshalb angemessen Erwähnung finden.

Generell gilt: Je länger Ihre Schulzeit zurückliegt, desto komprimierter können Ihre Informationen sein. Falls Ihre Schulzeit aufgrund einiger »Ehrenrunden« etwas länger gedauert hat: keine Erklärungen, es sei denn, Sie sind 18 Jahre jung und Ausbildungsplatzsucher.

Besondere Kenntnisse

Diese Rubrik ist nicht zwingend notwendig. Sie bietet aber gute Möglichkeiten, auf bestimmte, für die aktuelle Bewerbung relevante Qualifikationen aufmerksam zu machen. Sprach- oder EDV-Kenntnisse, spezielle Zertifikate, vom Führerschein bis zur Ausbilderlizenz, haben hier – nach sorgfältiger Abwägung – ihren Platz.

Engagement, Hobbys, Interessen, Sonstiges

Solche Angaben sind alles andere als überflüssig! Hier können Sie Sympathie gewinnen und wichtige Anknüpfungspunkte für das Vorstellungsgespräch schaffen. Ob ehrenamtlich in der Kirchengemeinde tätig, freiwilliger Mitarbeiter in einem Jugendzentrum oder leidenschaftlicher Wanderer, Sie werden mit derlei Auskünften dazu beitragen, dass man sich ein Bild von Ihnen macht.

Achten Sie dabei auf die Auswahl! Überlegen Sie, ob das Hobby zu Ihrem Alter und dem von Ihnen angestrebten Arbeitsplatz passt. Die Mitgliedschaft im Schachklub wird anders gedeutet als die Mitgliedschaft im Fußballverein. Im ersten Fall wird man Sie eher als analytisch denkend, konzentriert und ruhig einschätzen, im anderen Fall geht man davon aus, dass Sie dynamisch, erfolgsorientiert und teamfähig sind. Auch andere Interessen wie aktives Musizieren, besondere Sportarten, begeistertes Kochen, Spezialreisen oder ein längerer Auslandsaufenthalt können im Vorstellungsgespräch gute thematische Anknüpfungspunkte sein und Ihnen eine Menge Pluspunkte einbringen.

CHECKLISTE

Wo Sie unterschreiben

✓ Anschreiben (absolutes Muss)

✓ Lebenslauf (absolutes Muss)

✓ »Dritte Seite« (kann, muss aber nicht)

✓ Deckblatt/Foto (kann, muss aber nicht)

Ort, Datum, Unterschrift

Sie müssen am Ende Ihres Lebenslaufs unterschreiben (am besten mit königsblauer Tinte).
Es steht Ihnen frei, ob Sie Ort und Datum per
Hand oder lieber mit dem PC getippt gestalten
wollen. Auch wie Sie unterschreiben, ist wichtig:
Manche Kandidaten unterschreiben extrem unle-
serlich und riesengroß oder im Gegenteil viel zu
klein oder gar in Druckbuchstaben. Das sollten Sie
vermeiden. Nicht selten wird Ihre Unterschrift von
der Auswahlkommission analysiert und bewertet.
Fügen Sie in digitale Bewerbungsunterlagen Ihre
eingescannte Unterschrift ein.

Erste Hilfe bei Lücken und Proble-
men im Lebenslauf

Nicht immer läuft im Arbeitsleben alles glatt.
So hat fast jeder Bewerber »Makel« wie Lücken
(Zeitabschnitte ohne Berufstätigkeit) oder »Probleme« (z. B. sehr viele Arbeitsplatzwechsel in
kurzer Zeit) im beruflichen Werdegang. Da Personalentscheider in der Regel zuerst den Lebenslauf
lesen, werden »problematische« Bewerbungen
schnell aussortiert. Versuchen Sie daher, einen
schlüssigen beruflichen Werdegang abzuliefern.
Klingt schwierig, ist aber oft einfacher, als Sie
vermuten. Wir zeigen Ihnen kurz die negativen
Faktoren, die in einem Lebenslauf besser nicht
vorkommen sollten.

Lücken: Zeiten, in denen der Bewerber keine
berufliche Tätigkeit nachweisen kann. Drei
Monate sind eine kleinere Lücke, von einer
größeren spricht man ab etwa sechs Monaten.

Probleme: Der Bewerber hat zwar durchgehend
gearbeitet, sein beruflicher Werdegang wirkt
beim Leser aber nicht positiv, z. B. wegen häufi-
gen Wechselns des Arbeitsplatzes.

Wenn Lücken und Probleme in Ihren schriftlichen
Unterlagen auftauchen, ist es noch wichtiger, die
Darstellung Ihrer Daten zu verbessern, denn generell
wünschen sich Personaler einen lückenlosen Nach-
weis Ihrer Berufstätigkeit.

Zu häufiges Wechseln, insbesondere bei älte-
ren Bewerbern, wirkt ebenso verdächtig wie zu
langes Verharren in der gleichen Position beim
selben Arbeitgeber. Wenn Sie für einen längeren
Zeitraum keine Berufstätigkeit im Lebenslauf angeben, neigen Personalentscheider zu negativen
Interpretationen wie: Arbeitslosigkeit, Krankheit,
Drogenentzug oder sogar Gefängnisaufenthalt.

Lücke ist dabei nicht gleich Lücke. Nicht jede
Auszeit hat einen negativen Beigeschmack und
muss deshalb auch nicht kommentarlos übergan-
gen werden, wie z. B. Erziehungs- und Pflegezei-
ten oder Weltreisen. Selbstverständlich kann eine
private Auszeit zur beruflichen (Neu-)Orientie-
rung erwähnt werden. Mehrere Jahre in der
Bundeswehr können ebenfalls positiv dargestellt
werden.

Bestimmte Zeitabschnitte im Berufsleben gehen niemanden etwas an. Und zwar die, nach denen im Bewerbungsgespräch nicht gefragt werden darf, u. a. Krankheiten (auch Suchterkrankungen), Schwangerschaft, Freistellung wegen Betriebsratstätigkeit und Freiheitsstrafen. Ihre Erklärungen zu diesen Zeitabschnitten sollten überzeugen und möglichst nicht widerlegbar sein (Notlügen sind hier erlaubt!).

Lücken im Lebenslauf kann man auf verschiedene Weisen verdecken: z. B. indem man Zeitspannen nur mit Jahreszahlen und nicht mit Monaten angibt oder indem man einfach mehrere Zeitabschnitte unter einer Überschrift zusammenfasst. So lässt sich der chronologische Ablauf schwerer nachvollziehen und die einzelnen Abschnitte bilden ein Erklärungsmuster. Bei Problemen, die Personaler aus Ihrem Lebenslauf ableiten, liegt die Bewertung wie so oft im Auge des Beurteilers. Dieser mag beispielsweise die Verweildauer an einem Arbeitsplatz auffällig kurz oder gerade noch okay finden, den Weggang von einem Unternehmen als eine arbeitgeberseitige Kündigung interpretieren oder nicht den »roten Faden« erkennen können oder den beruflichen Werdegang als unzusammenhängend und eher zufällig als geplant ansehen. Das Entscheidende für Sie: Gibt es Dinge in Ihrem Lebenslauf, die negativ ausgelegt werden könnten? Bereiten Sie sich vor und überlegen Sie, wie Sie mögliche Argumente der Gegenseite entkräften oder wenigstens mildern können. Dies ist auch für das Vorstellungsgespräch sehr wichtig.

Jetzt zeigen wir Ihnen aber erst einmal ein Beispiel für einen gut präsentierten beruflichen Werdegang.

Ramona Norstedt
Kauffrau
Am Moor 4a
99310 Arnstadt
Telefon: 03628 663219

B e w e r b u n g

als

Automobil-Verkäuferin
Autohaus Wollank, Erfurt

von

Ramona Norstedt
am 12.06.1981
in Stotternheim geboren
verheiratet

Aufbau: außergewöhnlich gestaltete erste Lebenslaufseite, die sich nicht nur durch die Überschrift »Berufstätigkeit« schon deutlich von vielen anderen Bewerbungsunterlagen positiv unterscheidet.

Die verschiedenen Job-Positionen sind gut dargestellt, die Aufgaben ausführlich genug beschrieben.

Interessant: die Familienphase wird aufgeführt, nicht aber die Anzahl der Kinder. Gut so! Insgesamt präsentiert die Kandidatin sich selbstbewusst. Und auch der ästhetische Aspekt ist bemerkenswert!

Ramona Norstedt
Kauffrau
Am Moor 4a
99310 Arnstadt
Telefon: 03628 663219

Berufstätigkeit

seit 10.2006	Technische Angestellte/Gewährleistungssachbearbeiterin bei der Auto-Hilfe-Ersatzteil GmbH, Erfurt
	• Abwicklung von Gewährleistungs- und Kulanzanträgen
	• Systemunterstützte Antragsbearbeitung am Terminal
	• Prüfung von Schadensteilen/Qualitätsanalyse
	• Koordinierung von Rückrufaktionen verschiedener Hersteller
	• Regressierung abgelehnter Gewährleistungsteile
	• Kunden- und Lieferanten-Management
10.2005–09.2006	Familienphase
01.2004–09.2005	Kaufmännische Mitarbeiterin beim ADAC Hessen
	• Mitgliederbetreuung
	• Koordination Zusammenarbeit mit DEKRA und TÜV
	• Messestandbetreuung
	• Unterstützung der Organisation von Messeauftritten, Rallyes und dem ADAC-Jahresball in Berlin
09.2000–12.2003	Industriekauffrau für Maschinenbau Hoffmann-Metallhandel GmbH, Kassel
	• Bestellung von Maschinenbauteilen aus Stahl und Kunststoff
	• Fakturierung und Auslieferung an Kunden
	• Bestandspflege und Kunden-Neuakquisition

Ramona Norstedt
Kauffrau
Am Moor 4a
99310 Arnstadt
Telefon: 03628 663219

Bildung und Schule

2010	Fortbildung Vertrieb und Marketing Marketingakademie Erfurt
2008–2009	Je 1 Monat Sprachtraining in Hallmark/Cornwall, Großbritannien
2006	Fortbildung im Qualitätsmanagement DEKRA Berlin
1997–2000	Ausbildung mit Abitur zur Industriekauffrau in Sömmerda
1987–1997	Stotternheim – Abschluss Mittlere Reife

Kenntnisse/Erfahrungen/Interessen

sehr gute Kenntnisse in allen MS-Office-Programmen

sehr gute Kenntnisse des Ersatzteilangebotes für Pkw und
Nutzfahrzeuge, besonders der Marken VW, BMW und Fiat

gute Englischkenntnisse in Wort und Schrift,
Grundkenntnisse Russisch

Akquisitionserfahrungen

Mitglied im Oldtimer-Club Arnstadt, Veranstaltungsorganisation

Führerschein Pkw und Lkw
Personenbeförderungsschein

begeisterte Oldtimer-Rallye-Fahrerin

Ramona Norstedt

Aufbau: die Rubrik »Bildung und Schule« beinhaltet nicht nur die schulische Laufbahn und die Berufsausbildung, sondern auch berufsrelevante Fortbildungen.

Die Überschrift »Kenntnisse/Erfahrungen/Interessen« ist außergewöhnlich. Die hier vermittelten Botschaften sind wirklich von Bedeutung und machen neugierig auf die Bewerberin. Das sollen sie ja auch! Nur so funktioniert es, eine Einladung zum Vorstellungsgespräch zu bekommen.

Unterschrift: Vor- und Zuname und auch gut lesbar. Sehr schön!

Übrigens: ist Ihnen aufgefallen – die Bewerberin hat keinen Ort und kein Datum vor ihre Unterschrift gesetzt. Zugegeben, das geht hier, wir würden es Ihnen aber trotzdem nicht empfehlen, diese Angaben wegzulassen!

Ihr Foto

Ein Bild sagt mehr als tausend Worte

Die Bedeutung des Fotos für die Bewerbung wird häufig unterschätzt. Ihr Foto ist einer der wichtigsten Bestandteile in Ihren Unterlagen. Sie haben die große Chance, schon zu Beginn des Auswahlverfahrens beim Personalentscheider Sympathie zu mobilisieren.

»Bild schlägt Text«

So lautet eine alte Journalistenregel, die die Wirkungskraft Ihres Fotos verdeutlicht. Der Personalchef wird als Erstes einen Blick auf Ihr Foto werfen und sich in Sekundenschnelle (mehr oder weniger bewusst) ein Urteil bilden: Was für einen Eindruck macht dieser Mensch? Wirkt er/sie sympathisch oder unsympathisch? Mürrisch oder freundlich? Zugewandt oder verschlossen? Und mit diesem Eindruck im Hinterkopf (und der schnellen Meinung, die er sich dazu gebildet hat) beginnt der Empfänger, Ihre Bewerbung durchzublättern.

WICHTIG

Gehen Sie nur gut gelaunt und nicht abgehetzt zu einem qualifizierten Fotografen.

Zum Format

Ein mikriges Automatenpassbild legt die Deutung nahe, dass Sie sich nicht wichtig genug nehmen. Umgekehrt spricht ein Postkartenporträt Bände über Ihre Eitelkeit. Wir zeigen Ihnen auf S. 43 interessante Formate und auch attraktive Bildausschnitte. Der Kopf, das Gesicht, darf ein wenig angeschnitten sein, weil es so spannender und dynamischer wirkt.

Schwarz-Weiß- oder Farbfotos

Wir empfehlen ein Schwarz-Weiß-Foto, da es Sie sowohl zurückhaltender als auch interessanter erscheinen lässt und dem Betrachter mehr Interpretationsmöglichkeiten bei der Beurteilung Ihres Gesichts gibt. Falls Sie dennoch ein Farbfoto vorziehen, wählen Sie dezente Kleidung und – für die Damen – sparsames Make-up.

Apropos Kleidung

Tragen Sie die Kleidung, die dem von Ihnen angestrebten Berufsstand angemessen ist. Ihre Haare sollten gepflegt frisiert sein und auf keinen Fall Ihre Augen verdecken – Sie haben doch nichts zu verbergen (für die Herren: unbedingt vor dem Fototermin rasieren bzw. den Bart stutzen).

Ansonsten gilt: Lächeln Sie ein wenig, machen Sie ein freundliches Gesicht. Denken Sie an etwas Schönes …

Fazit

Der Weg zum Fotografen lohnt sich. Automatenpassfotos sind zwar billiger, sehen aber entsprechend aus und führen möglicherweise zu falschen Rückschlüssen (mangelndes Selbstwertgefühl, fehlende Bemühung und Motivation für den Arbeitsplatz, Geiz etc.).

Übrigens: exzellente Kopien, eingescannte oder noch besser digitale Fotos sind heute voll akzeptiert.

Also keine alten Fotos, Urlaubsbilder oder Schnappschüsse bei der feuchtfröhlichen Familienfeier oder Fotos, auf denen Sie erklären müssen, »das da hinten links bin Ich, und das vorn ist …« – so etwas kommt in der Bewerbungsrealität häufiger vor, als Sie glauben. Empfehlenswert ist ein ansprechendes professionelles Porträt-Foto (Format ca. 6 x 4,5 cm oder etwas größer).

Nach Meinung führender Personalberater ergibt sich aus der Qualität des Fotos ein Hinweis auf die Zielstrebigkeit des Bewerbers. Ein fotografisch schlechtes Foto und/oder ein falsch gewähltes Format sprechen eher für eine generell nicht besonders ausgeprägte Leistungsmotivation, für ein niedriges Anspruchsniveau sowie für eine man-

gelnde Motivation in Bezug auf die ausgeschriebene Position. Bei der Vorlage eines professionell beim Fotografen aufgenommenen, im Format nicht zu kleinen, aber auch nicht zu großen Fotos unterstreicht der Bewerber seine besonderen Bemühungen um den neuen Job.

Auch beim Thema Foto gibt es bedenkenswerte Neuerungen: Statt der ganz typischen »Kopf-und-Kragen«-Fotos (à la Passfoto) bietet sich die Möglichkeit an, Arme, Hände und Oberkörper mit aufs Bild zu bringen, unter Umständen auch in einer Arbeitssituation. Interessante Gestaltungsideen finden sich dazu in Wirtschaftszeitschriften wie *manager magazin*, *WirtschaftsWoche* oder *Capital*. Schauen Sie sich doch einfach mal an, wie dort »Wirtschaftsköpfe« porträtiert werden. Stichwort: leicht angeschnittener Kopf. Auch bei unseren Beispielen hier sehen Sie attraktive Bewerberfotos, die Ihnen als Vorbild dienen können.

WICHTIG

Frauen sollten auf dem Bewerbungsfoto keinen zu tiefen Ausschnitt tragen. Männer dürfen (wenn sie kein Hemd mit Krawatte tragen) nicht mehr als einen Kragenknopf öffnen.

Im Übrigen raten wir Ihnen, mehrere Fotos anfertigen zu lassen und diese dann (ehrlichen) Freunden zur Beurteilung vorzulegen, um gemeinsam das beste auszuwählen.

Und noch etwas zum Stichwort Foto, das Sie wissen sollten

Das AGG (Allg. Gleichbehandlungsgesetz) sorgt leider für Kompliziertheit und Verunsicherung bis zu Rechtsstreitigkeiten, wenn es um Bewerbungen geht:

Es dürfen keine Fotos mehr von der Jobanbieterseite verlangt werden! Sie dürfen ein Foto jedoch nach wie vor freiwillig Ihren Unterlagen beifügen und sollten dies auch tun! Nutzen Sie unbedingt diese Chance zur Sympathiemobilisierung.

Format (quer!) und Bildausschnitt sind außergewöhnlich. Ein sehr heller, fast weißer Hintergrund und ein leicht angeschnittener Kopf (oben) lösen sofort Interesse aus, machen dieses Bild zum Hingucker und transportieren Dynamik und Sympathie, die durch das freundliche Lächeln der Bewerberin unterstützt wird. Wirklich pfiffig gemacht!

Im klassischen Hochformat zeigt dieses Foto jedoch weit mehr als nur den Kopf (fast ein Halbkörperfoto). Dieser ist im Gegensatz zu vielen anderen Fotos hier im Buch einmal nicht angeschnitten. Dafür zeigt die Bewerberin deutlich ihre Zähne beim Lächeln. Ja, so geht es also auch, aber mehr Spannung und Dynamik und auch eine ganz andere Konzentration kommt eben gerade durch einen leichten bis sehr deutlichen Anschnitt zustande.

Ein fast quadratisches Bildformat ist hier der interessante Transporteur. Durch den leicht grauer werdenden Hintergrund auf der rechten Seite entsteht eine besondere Tiefe. Die Bewerberin lächelt sehr verhalten. Ja, Lächeln ist immer erlaubt, auch mit leicht geöffnetem Mund. Sie müssen nicht »todernst dreinschauen«.

Ein sympathischer, gutaussehender junger Mann, der sich uns mit einem eher klassisch konservativen Bildformat präsentiert. Der Kopf ist deutlich angeschnitten und auch ohne Krawatte kommt der Bewerber hier gut und seriös rüber.

Wieder ein besonderes Fotoformat, das nicht jeder Bewerber für sich wählt. Der Kopf ist deutlich angeschnitten und der Kandidat lächelt den Betrachter sympathisch an. Von diesem Bild geht Kraft aus! Das wird die entsprechende Botschaft seines Mitarbeitsangebots sehr gut unterstützen!

Ein außergewöhnliches Format (quer statt hoch) mit dem der Bewerber sich hier präsentiert, aber das Besondere ist der deutlich erkennbare Hintergrund (Bücherregal) und die Zeitschrift, die als Requisite dient. Damit erzielt der Bewerber eine deutlich erhöhte Aufmerksamkeit. Sehr interessantes Bild und, wo es passt, bestimmt erfolgreich!

Besondere Extraseiten

Ihre Bewerbungsmappe muss nicht nur aus Lebenslauf, Anschreiben und Anlagen bestehen. Auch zusätzliche Seiten sind möglich (s. dazu auch die Übersicht auf S. 25). Die folgenden Vorschläge helfen, Ihre Unterlagen aufzuwerten. Richtig umgesetzt, sind sie eine positive Überraschung für die Leser. Verdeutlichen Sie sich: Es geht darum, sich von der Masse anderer Bewerbungen positiv abzuheben.

Ob Sie Ihre Bewerbungsunterlagen mit einem Deckblatt starten, mit einer Inhaltsübersicht oder einer Einleitungsseite weitermachen, eine Anlagenübersicht (s. S. 48 f.) nach Ihren beruflichen Daten einfügen, eine »Dritte Seite« (s. S. 46 f.) nutzen oder ein ungewöhnliches PS am Ende Ihres Anschreibens formulieren: Sie entscheiden, was zu Ihnen und Ihrem Empfänger passt und was gefällt!

Deckblatt

Wie bei einem Buch, das nicht sofort mit dem Inhaltsverzeichnis beginnt, hat ein Deckblatt die Funktion eines Titelblatts, das Sie ganz unterschiedlich gestalten können. Es soll den Einstieg erleichtern und neugierig auf das machen, was kommt. Zeigen Sie bereits an dieser Stelle, dass den Leser etwas Besonderes erwartet.

Überblick

Mögliche Bestandteile des Deckblatts

- Name
- Kontaktdaten (von Adresse bis E-Mail)
- Beruf oder Berufswunsch
- Überschrift: »Bewerbungsunterlagen für (Unternehmen, Ansprechpartner, evtl. Adresse) … von (Ihre Kontaktdaten)«
- Foto
- Zitat, persönliches Motto
- Unterschrift
- Datum, Ort

Simon Langenkamp, Glauburgstraße 83, 60318 Frankfurt am Main, Telefon 069 556677

Bewerbungsunterlagen

für die

Horstmann Elektrik GmbH

von

Simon Langenkamp
Elektrotechniker

Die »Dritte Seite«

Warum eine »Dritte Seite«? Die im Anschreiben vorgetragenen Informationen und »Verkaufsargumente« werden in der Regel vom möglichen Arbeitgeber wegen der Vielzahl der eingehenden Bewerbungsunterlagen und des Zeitdrucks wenig beachtet.

So wird das Anschreiben oft nur schnell überflogen (10 Sekunden bis maximal 1½ Minuten), um sich dann den beigefügten Bewerbungsunterlagen – insbesondere dem Foto des Bewerbers, seinem Lebenslauf und den formalen Arbeits- und Ausbildungszeugnissen – zuzuwenden.

Wenn der Leser aber auf eine Seite in Ihren Bewerbungsunterlagen mit der Überschrift:

Was Sie sonst noch von mir wissen sollten …

stößt, wird der Text mit Sicherheit aufmerksam gelesen. Wem es an dieser Stelle gelingt, in wenigen kurzen Sätzen das richtige Bild von seiner Persönlichkeit und seinen beruflichen Fähigkeiten zu vermitteln, hat große Chancen, eine Einladung zum Vorstellungsgespräch zu erhalten.

Eine gut gemachte »Dritte Seite« hebt Sie positiv von der Menge der eingesandten Bewerbungsunterlagen ab. Sie ist aber auch kein Muss! Entscheiden Sie …

Hier noch ein paar Überschriftenvorschläge:

Zu meiner Bewerbung

Meine Motivation

Warum ich mich bewerbe

Zu meiner Person

Was Sie noch wissen sollten

Ich über mich

Was mich qualifiziert

Warum ich?

Ob Sie diese Seite zum Abschluss unterschreiben (Ort und Datum nicht vergessen), steht Ihnen frei. Und falls Sie nur einen sehr kurzen Text einfügen möchten, können Sie dies auch ohne Extraseite im Anschluss an Ihren Lebenslauf tun. Das Bewerbungsbeispiel von Michael Hämmerle auf S. 13 führt dies überzeugend vor.

TIPP

Thematisch kommen Aussagen zu Ihrer Person, Motivation und Kompetenz infrage. Versuchen Sie nicht, zu viele oder nichtssagende Informationen auf diese Seite zu pressen, das würde eher einen nachteiligen Eindruck hinterlassen. Und falls Sie unsicher sind, was Sie schreiben sollen: Lassen Sie eine »Dritte Seite« lieber weg, sie ist kein Muss und wird nur überzeugen, wenn sie wirklich gut gemacht, gut getextet ist!

Christian Berning • Musterstraße 94 • 55430 Oberwesel • Tel. 0201 123456

Resümee

Ich bin
ein optimistischer Mensch mit ausgeprägtem
Selbstvertrauen und einem hohen Maß an Eigeninitiative.
Es ist meine Überzeugung, dass alles wirklich Gewollte
im Leben machbar ist. Entscheidungen und Risiken
gehe ich nicht aus dem Weg. Auf Ehrlichkeit und Echtheit
in Ausdruck und Verhalten lege ich großen Wert.
Und noch etwas: Ich habe Humor.

Ich kann
mir Ziele selbst definieren und erreichen, viel leisten,
Stress positiv erleben, gut planen und organisieren
und mich voll und ganz engagieren.

Ich habe
Berufs- und Lebenserfahrung, ein gut entwickeltes Talent
für Kommunikation und den Umgang mit Menschen.
Dies macht mich erfolgreich.
Dabei habe ich mir die Fähigkeit zur Teamarbeit bewahrt.
Neben fachlicher Kompetenz waren für meinen
beruflichen Aufstieg vor allem Begeisterungsfähigkeit,
Lernbereitschaft und Flexibilität entscheidend.

Ich will
eine Leitungsaufgabe, die meine Kenntnisse fordert,
die Handlungsspielraum und Entwicklungschancen bietet,
eine Position, in der ich meine Führungsqualitäten
einsetzen und weiter ausbauen kann;
ein Unternehmen, mit dem ich mich identifiziere.

Unser Kommentar

»Dritte Seite«: eine Überraschung für den Leser, beim Durchblättern Ihrer Unterlagen auf so eine besonders getextete Seite zu stoßen! Umso intensiver wird der Text gelesen, und da die Seite angenehm gestaltet, aber eben auch wirklich gut getextet ist, hat sie einen enormen Wirkungsfaktor.

Dieser Text wirkt gut strukturiert und wird auch optisch sehr ansprechend dargeboten. Das ist leider aber nicht immer der Fall. Deshalb: Geben Sie sich besondere Mühe oder lassen Sie es!

Bedenken Sie jedoch, wie gut Ihre Chancen stehen: Wenn Sie etwas Besonderes erreicht haben, wer könnte sich hier Ihren Botschaften entziehen?

Unser Kommentar_____

Anlagenverzeichnis: So ein Verzeichnis ist eine tolle Serviceleistung für den Leser. Es ist sehr übersichtlich und interessant gestaltet und gibt einen schnellen Überblick, welche Anlagen (Zeugnisse, Referenzen) der Bewerbungsmappe beiliegen.

Aber auch als Angebot im Sinne von »diese Zeugnisse/Referenzen kann ich vorweisen, Ihnen noch zusenden oder zum Vorstellungsgespräch mitbringen« ist ein Anlagenverzeichnis zu verstehen. Und es zeigt: Sie geben sich etwas mehr Mühe, sind umsichtiger! Eine überzeugende kleine Arbeitsprobe, die nur für Sie spricht!

Anlagen / Inhaltliche Gliederung

Arbeitszeugnisse / Referenzen

– Kongresshotel Königshof, Trier
– ABC-Hotel GmbH, Berlin
– Astro Hotel, Wiesbaden
– Hotel-Restaurant Poch, Bellingen
– REWE-Süd-Großhandel, Spellbach
– Hotel-Restaurant Rössle, Waldenburg
– Hotel Hirsch, Fellbach
– Dienstzeugnis Bundeswehr
– Höhenhotel Berghaus, Lindach

Seminare / Praktika

– Grundkurs MS Excel
– Aufbaukurs MS Word
– Produkt-Marketing und -Werbung
– Controlling
– Strategische Unternehmensführung
– Anerkannter Berater für Deutschen Wein
– Praktikums-Zeugnis Astro Hotel
– Praktikums-Zeugnis Hotel v. Korff

Schulzeugnisse

– Hotelwirtschaftsschule, Berlin
– Ausbildereignungsprüfung, IHK Berlin
– Berufsoberschule, Heilbronn
– Fachgehilfenbrief zum Koch

Anlagenverzeichnis

Dieser Zusatz ist einfach, aber sehr effektiv. Platziert hinter den Lebenslaufseiten, gibt diese Seite dem Empfänger einen Überblick darüber, mit welchen beigefügten Unterlagen Sie ihn »schwarz auf weiß« beeindrucken wollen. Es geht um die Auflistung der üblicherweise im Anhang mitgelieferten Kopien von Ausbildungsabschlüssen, Fortbildungszertifikaten und Arbeitszeugnissen. Wenn Sie nur drei Anlagen beifügen möchten, ist ein Verzeichnis nicht nötig und wirkt übertrieben. Da es aber häufig schon bei jungen Bewerbern um bis zu zehn unterschiedliche Dokumente geht, ist ein Anlagenverzeichnis meist sehr sinnvoll und lesefreundlich.

WICHTIG

Ob mit oder ohne Deckblatt, »Dritte Seite« oder Anlagenverzeichnis, ob sehr ausführlich oder kurz gehalten: Das bleibt Ihre Entscheidung. Fragen Sie sich, welchen Eindruck Sie bei Ihrem potenziellen Arbeitgeber mit Ihren Bewerbungsunterlagen erzeugen wollen, und stellen Sie auf dieser Grundlage die Inhalte Ihres »(Be-)Werbeprospekts« in eigener Sache« zusammen.

Überblick

Mögliche Reihenfolge der Anlagen

1. Arbeitszeugnisse (das neueste vorn)

2. Weiterbildungsnachweise (das neueste vorn)

3. Ausbildungs- und Schulabschlusszeugnisse (das neueste vorn)

Farbige Zwischenblätter können die einzelnen Rubriken voneinander abgrenzen. Jedes Zwischenblatt kann erneut mit einer Inhaltsübersicht der nun folgenden Blätter versehen sein.

Nun sehen Sie ganz praktisch, wie die vorangegangenen Vorschläge ausgeführt werden können – am Beispiel der Bewerbung eines Kochs. Sehen Sie sich zunächst die Stellenanzeige an.

QUALIFIZIERTER KOCH

für unsere Küche gesucht. Er sollte betriebswirtschaftliche Grundkenntnisse, Verantwortungsbewusstsein und Eigeninitiative besitzen.

Voraussetzungen:
- Ausbildung als Koch
- ernährungswissenschaftliche Fachkenntnisse
- Berufspraxis in der Gemeinschaftsverpflegung
- Erfahrungen im Zusammenstellen von Menüplänen

Erwünscht sind Kenntnisse in Personalführung, Arbeitsschutz und Hygiene.

Bewerbung mit den üblichen Unterlagen an: Kurklinik Grünberg, Rosenhofweg 22, 83707 Bad Wiessee, www.kkgruenberg@bad-wiessee.de

---

CHECKLISTE

Lebenslauf und Extraseiten

Haben Sie ...

✓ sich eine Abfolge der Daten Ihres beruflichen Werdegangs überlegt?

✓ eine sinnvolle Themenauswahl getroffen?

✓ klare Aussagen und Botschaften bezüglich Ihres Könnens, Ihrer Leistungsbereitschaft und Ihrer persönlichen Wesensart eingearbeitet?

✓ alle wichtigen Kontaktdaten aufgeführt wie Adresse, Handy, E-Mail?

✓ die Darstellung Ihrer wichtigsten Tätigkeiten aufbereitet?

✓ darauf geachtet, dass Ihre Daten lückenlos wirken?

✓ die aktuelle berufliche Station und die davor ausführlicher beschrieben?

✓ Ihre Erfolge gut herausgestellt, Sonderaufgaben benannt?

✓ Veränderungen Ihrer Aufgaben innerhalb einer Firma berücksichtigt?

✓ einen roten Faden in Ihrer beruflichen Entwicklung erkennen lassen?

✓ an Infos zu Ihrer Weiterbildung gedacht?

✓ sonstige Kenntnisse berücksichtigt?

✓ etwas über Ihre Interessen, Ihr Engagement, Ihre Hobbys erwähnt?

✓ ein ansprechendes Deckblatt, eine »Dritte Seite« mit überzeugender persönlicher Botschaft und ein Anlagenverzeichnis gestaltet? (optional)

✓ Ihre Unterschrift, Ort und Datum nicht vergessen?

✓ alles kritisch und sorgfältig gegenlesen lassen?

Robert Mosbacher

Am Kirchplatz 6   86163 Augsburg   Tel. 0821 6214934   E-Mail: rmosbacher@t-online.de

Kurklinik Grünberg
Dr. Leopold Lederer
Rosenhofweg 22
83707 Bad Wiessee

Augsburg, 20.05.2014

Anzeige im Münchner Kurier vom 15.05.2014
– qualifizierter Koch gesucht –

Sehr geehrter Herr Dr. Lederer,

als leidenschaftlicher Koch, für den schmackhaftes Essen
und ein gesundes Leben zwei Seiten derselben Medaille sind,
fühle ich mich von Ihrer Anzeige sehr angesprochen.

Ich habe sowohl in Restaurantküchen mit einer
erlesenen Speisekarte gearbeitet als auch in einer Großküche
für ca. 400 Personen. Während dieser Tätigkeit entwickelte ich
eine Vollwert- und Diätmenü-Routine, die großen Anklang fand.
Teamarbeit und die Fähigkeiten zur Improvisation waren gefragt
in meiner Zeit als Koch in den USA und Mexiko. Dort habe ich auch
viele neue Rezepte und Zubereitungsarten kennengelernt.

Von Ausflügen kenne ich die wunderbare Umgebung des Tegernsees.
Hier zu arbeiten und zu leben, damit würde für mich ein Wunschtraum
in Erfüllung gehen.

Ich freue mich auf ein Vorstellungsgespräch
und verbleibe mit freundlichen Grüßen aus Augsburg

Robert Mosbacher

Anlagen

Unser Kommentar

Absender: kreativ und grafisch ansprechend gestaltet.

Datum: korrekt geschrieben und platziert.

Betreffzeile: kurz gefasst und mit den wichtigsten Angaben versehen. Schön ist die Gestaltung der zweiten Zeile mit den Gedankenstrichen.

Anrede: Herr Mosbacher hat sich telefonisch nach dem Ansprechpartner erkundigt. Sehr gut!

Inhalt: weckt Interesse. Im ersten Satz drückt er seine Motivation aus und geht im weiteren Text auf die Gründe ein, warum er für diese Tätigkeit besonders geeignet ist. Mit der persönlichen Anmerkung über den Tegernsee und seine Umgebung bekundet er glaubwürdig sein Interesse am Umzug in den ländlichen Raum. Das gefällt dem Leser!

Absätze: gut strukturierte Absätze, die die wichtigsten Informationen beinhalten. Herr Mosbacher geht im zweiten Absatz auf die gewünschten Anforderungen der Stellenanzeige ein.

Unterschrift: leserlich, mit Vor- und Zunamen

Länge: genau richtig. Eine DIN-A4-Seite, nicht zu voll geschrieben und übersichtlich.

Anlagen: das Wort »Anlagen« reicht aus.

Gestaltung: übersichtlich und ansprechend. Dieses Anschreiben wird positiv ankommen.

Deckblatt: grafisch ansprechend und sehr übersichtlich. Alle wichtigen persönlichen Angaben sind vorhanden. Herr Mosbacher wirkt auf dem Foto sehr sympathisch. Auch eine Unterschrift unter dem Foto wäre hier gut vorstellbar und hätte einen positiven Effekt. Bild und Signatur sind sehr starke Persönlichkeitsmerkmalsträger. Probieren Sie es einmal aus …

Bewerbungsunterlagen

Robert Mosbacher
Koch

Am Kirchplatz 6
86163 Augsburg

0821 6214934
rmosbacher@t-online.de

Persönliche Daten: erfüllen ihren Zweck.

Aufbau: die grafische Gestaltung und Aufteilung des Blattes sind sehr übersichtlich und ansprechend.

Inhalt: Herr Mosbacher weist bei seiner Bäckerlehre nicht extra darauf hin, dass er sie abgebrochen hat – die Gründe hierfür kann er im Vorstellungsgespräch erläutern.

Robert Mosbacher

Am Kirchplatz 6   86163 Augsburg   Tel. 0821 6214934   E-Mail: rmosbacher@t-online.de

Lebenslauf

Persönliches

- Geburt am 21.4.1978 in Schwandorf
- verheiratet

Berufserfahrung

seit 05/2009	Koch, Zum Goldenen Hirschen, Augsburg Position: Küchenleitung Aufgabengebiete: Planung der Speisekarte, Kalkulation und Einkauf, Anleitung des Küchenpersonals
06/2003 – 04/2009	Koch, Werkskantine der Thompson AG, Ingolstadt Aufgabengebiete: Vollwert- und Diätmenüs, Kalkulation
03/2001 – 05/2003	Koch, Gasthof Meyrhofer, Ulm Aufgabengebiete: Planung der Speisekarte, Süßspeisen, Anleitung des Küchenpersonals
07/1999 – 02/2001	„Wanderjahre" als Koch in verschiedenen Restaurants im Ausland (USA und Mexiko)

Schule und Berufsausbildung

1997 – 1999	Lehre als Koch, Zum Roten Löwen, Bayreuth
1994 – 1996	Lehre als Bäcker, Bäckerei Krüger Schwandorf
1988 – 1994	St.-Martin-Oberschule, Schwandorf (erweiterter Hauptschulabschluss)
1984 – 1988	Grundschule in Schwandorf

Inhalt: einen guten Eindruck macht die ausführliche Auflistung seiner Fortbildungen. Diese Information ist sehr wichtig: Sie zeigt die Bereitschaft, sich beruflich weiterbilden zu wollen.

Seine Hobbys zeugen von körperlicher Fitness, Weltoffenheit und sozialer Verantwortung.

Datum/Unterschrift: korrekt datiert und unterschrieben. Sehr gut!

Robert Mosbacher

Am Kirchplatz 6   86163 Augsburg   Tel. 0821 6214934   E-Mail: rmosbacher@t-online.de

Fortbildung

„Kalorienarme Gerichte schmackhaft zubereitet"
Verband Deutscher Köche e. V., München

„Arbeitsschutz und Hygiene in Großküchen"
IHK Nürnberg-Mittelfranken

„PC-gesteuerte Planung in Großküchen"
IHK Nürnberg-Mittelfranken

„Exotik in der deutschen Küche"
Verband Deutscher Köche e. V., München

Hobbys

Windsurfen und Schwimmen

Reisen, bevorzugt in südlichen Ländern

Training der Jugend-Handballmannschaft des TSV Augsburg

Augsburg, 20. 05. 2014

Robert Mosbacher

Am Kirchplatz 6   86163 Augsburg   Tel. 0821 6214934   E-Mail: rmosbacher@t-online.de

Warum mich das Aufgabenfeld reizt ...

Essen und Trinken hält Leib und Seele zusammen.
Für mich ist das mehr als nur ein Motto, es ist gelebte
Berufspraxis – denn meine Erfahrungen zeigen,
dass bewusst zubereitete, schmackhafte Speisen
für jeden Menschen ein wesentlicher Schlüssel
zum Wohlbefinden sind.

Die Zubereitung von Speisen in einer Kurklinik
bedeutet für mich die Verbindung von Kreativität,
Wohlgeschmack und Gesundheit, die ich seit Jahren
in meiner Arbeit anstrebe.

»**Dritte Seite**«: mit dieser Seite (wir nennen sie die »Dritte Seite«) stellt sich Herr Mosbacher seinem zukünftigen Arbeitgeber als eine Persönlichkeit vor, für die ihr Beruf mehr ist als nur ein Job.

Er betont den Stellenwert, den das Kochen und Essen seiner Meinung nach für die Gesundheit hat. Damit macht er sich zu einem bemerkenswerten, fast schon idealen Kandidaten für einen Kurbetrieb, der ganz sicher das Interesse des Lesers auslöst und eine Einladung zum Vorstellungsgespräch bekommt.

Fazit: Schon allein die optische Gestaltung dieser »Dritten Seite« sorgt für Aufmerksamkeit und inhaltlich überzeugt der Kandidat auch.

Anlagenverzeichnis: rundet die Bewerbung sehr schön ab. Es ist wie die anderen Unterlagen auch übersichtlich gestaltet und gut strukturiert.

Zuerst hat Herr Mosbacher seine letzten beiden Arbeitszeugnisse den Bewerbungsunterlagen beigelegt und im Anschluss daran die Prüfungszeugnisse der Ausbildung als Koch und das Zwischenprüfungszeugnis seiner (abgebrochenen) Bäckerausbildung.

Dahinter folgen die Zertifikate seiner Fortbildungen.

Sehr gute, weil wohlüberlegte Abfolge der Anlagen!

Fazit zu den Bewerbungsunterlagen: Insgesamt eine tolle Bewerbung. Wetten, dass so ein Bewerber sofort eingeladen wird!

Robert Mosbacher

Am Kirchplatz 6   86163 Augsburg   Tel. 0821 6214934   E-Mail: rmosbacher@t-online.de

Anlagen

Zeugnis Thompson AG, Ingolstadt

Zeugnis Gasthof Meyrhofer, Ulm

Prüfungszeugnis der IHK Nürnberg-Mittelfranken
Ausbildung als Koch

Zeugnis über die Zwischenprüfung der IHK Nürnberg-Mittelfranken
Ausbildung als Bäcker

Zertifikat des Verbands Deutscher Köche e. V., München:
„Kalorienarme Gerichte schmackhaft zubereitet"

Zertifikat der IHK Nürnberg-Mittelfranken:
„Arbeitsschutz und Hygiene in Großküchen"

Zertifikat der IHK Nürnberg-Mittelfranken:
„PC-gesteuerte Planung in Großküchen"

Zertifikat des Verbands Deutscher Köche e. V., München:
„Exotik in der deutschen Küche"

Ihr Anschreiben

Wie Sie Ihr Vorhaben am besten begleiten

Das Anschreiben ist als Ihre Visitenkarte zu sehen. Es kann Ihre Chancen, zu einem Vorstellungsgespräch eingeladen zu werden, erhöhen oder vermindern. Meist wird es nur kurz überflogen und erst richtig gelesen, wenn Ihr Lebenslauf Sie als einen interessanten Kandidaten erscheinen lässt.

Ein gut formuliertes Anschreiben weckt nachhaltige Aufmerksamkeit und Interesse. Beim Texten kann Ihnen die folgende Grundregel aus der Werbepsychologie behilflich sein: die AIDA-Formel.

AIDA steht für:

A = attention (Aufmerksamkeit für Ihre Bewerbung erzeugen, z. B. mit einer guten Betreffzeile)

I = interest (Interesse an Ihrer Person, an Ihren Fähigkeiten wecken)

D = desire (Wunsch entstehen lassen, Sie zum Vorstellungsgespräch einzuladen, weil Sie etwas Besonderes anzubieten haben)

A = action (die Handlungsaktivität »Einladung« veranlassen)

WICHTIG

Verfassen Sie Ihr Anschreiben erst, wenn Sie Ihren Lebenslauf fertiggestellt haben. Stimmen Sie es anschließend auf die im beruflichen Werdegang aufgeführten Daten ab.

Ihr Ziel

Es kommt darauf an, in konzentrierter Form alle wichtigen Argumente, die für Sie sprechen (und zu einer Einladung führen), gut formuliert vorzutragen. Der Leser soll auf Sie als Person neugierig gemacht werden. Es muss der Wunsch entstehen, Sie kennenzulernen.

Zum Umfang

Bei Ihrem Bewerbungsanschreiben sollten Sie vor allem das alte Sprichwort »In der Kürze liegt die Würze« berücksichtigen und nicht mehr als 1 Seite schreiben. 1 ½ bis maximal 2 Seiten sind in besonderen Fällen vielleicht gerechtfertigt, erzeugen aber beim eiligen Leser Ungeduld und gegebenenfalls Unmut. Wer 3 Seiten oder mehr schreibt, bringt sich um jede Chance. »Erzählungen« oder ganze »Romane« sind für den weiteren Bewerbungsverlauf absolut tödlich.

Zum Inhalt

Versuchen Sie zu erklären, warum Sie der richtige Bewerber bzw. die richtige Bewerberin für die zu besetzende Stelle sind. Was sind Ihre Qualifikationen und Qualitäten, die z. B. den im Anzeigentext genannten Anforderungen entsprechen? Um zu punkten, beantworten Sie ebenso klar wie knapp folgende Fragen: Warum bewerben Sie sich, wo stehen Sie jetzt und was sind Ihre Ziele? Beenden Sie Ihren Brief mit der Bitte um ein Vorstellungsgespräch, der Grußformel, Ihrer Unterschrift, dem Hinweis auf die Anlagen und eventuell auch noch einem PS (s. S. 62).

Die wichtigsten formalen Regeln

Vieles ist geregelt (nach der DIN-Norm, schließlich leben wir in Deutschland!) und dennoch gibt es keine einheitlichen Layout-Vorschriften, jedoch sollte man sich an bestimmte Regeln und Normen halten.

WICHTIG

Das Anschreiben wird nicht in die Mappe gelegt, es liegt immer oben auf!

Überblick

Die DIN 5008

Seit 2006 gilt:

- Die Leerzeile im Anschriftenfeld zwischen Straße und Ort fällt weg.
- Datumsschreibweise: Entweder schreibt man 28.05.2014 oder 28. Mai 2014.
- Telefonnummern werden in Ortsvorwahl und Anschlussnummer gegliedert. Die Durchwahl wird durch einen Bindestrich von der Hauptwahl getrennt: 0511 1234-567. Bei einer internationalen Nummer wird die Landesvorwahl, z. B. für Deutschland +49, vorangestellt und die Null der Ortsvorwahl weggelassen: +49 511 1234-567.

Beispiele und weitere DIN-Regeln finden Sie in Artikeln der einschlägigen Büro-Fachpresse oder dem Internet.

Hier weitere Hinweise, wie Sie Ihr Anschreiben gestalten können:

Seitenrand

Links etwa 20–30 mm (am besten 25 mm), rechts etwa 5–10 mm (am besten 7,5 mm).

Briefkopfgestaltung

Ganz oben stehen Ihr Name und Ihre Adresse (möglichst komplett mit Telefon, Handy und E-Mail). Die Gestaltungsmöglichkeiten sind vielfältig. Schauen Sie sich auch unsere anderen Bewerbungsbeispiele im Buch genau an, sicher finden Sie dort Anregungen für Ihren Briefkopf.

Anschrift des Empfängers

Diese beginnt mit der ersten Zeile etwa 50 mm vom oberen Blattrand entfernt (entspricht ca. der Zeile 7). Beachten Sie, dass zwischen der Straße und dem Ort keine Leerzeile mehr gesetzt wird.

Schriftarten, Größen und Zeilenabstand

Am häufigsten werden »Times New Roman« (in den Größen 11–13) und Arial (Größe 10–12) verwendet. Sie können sich aber auch für eine andere Schrift entscheiden. Den Zeilenabstand wählen Sie bitte nicht zu groß, am besten einzeilig, wobei es auf den Gesamteindruck (z. B. wie voll ist die Seite?) ankommt.

Zum Fließtext: Eine nicht zu vollgeschriebene Seite ermutigt den Empfänger, sich gerne mit dem Text zu beschäftigen. Verwenden Sie lesefreundliche, kurze Sätze, fügen Sie Absätze ein (etwa 4–6), die Länge eines Absatzes sollte möglichst nicht mehr als 4–6 Zeilen betragen (s. Beispiele).

Simon Timmler • Drosselweg 51 • 71634 Ludwigsburg • 0163 1234567 • s.timmler@yahoo.de

Briefkopfgestaltung Beispiel 1

SIMON TIMMLER

Drosselweg 51
71634 Ludwigsburg
s.timmler@yahoo.de
0163 1234567

Briefkopfgestaltung Beispiel 2

Datum

Hier gibt es zwei Varianten:
Berlin, 05.01.14
oder
Berlin, 5. Januar 2014

Die wichtigsten inhaltlichen Regeln

Betreffzeile

Vorneweg: Der Begriff »Betreff« (oder »Betr.«) wird heute nicht mehr hingeschrieben. Trotzdem ist die Betreffzeile eine tolle Chance, positiv aufzufallen. Sie dürfen Fett- oder Kursivdruck verwenden, sogar unterstreichen oder einfärben und bis zu drei Zeilen (muss aber nicht! häufig sind es nur 1–2 Zeilen) schreiben. Hauptsache es gelingt Ihnen, Aufmerksamkeit zu wecken. Inhaltlich steht hier meistens der Bezug zur Bewerbung und Ihr Mitarbeitsangebot (s. folgende Beispiele).

Textbausteine für die Betreffzeile:

- Elektrotechniker mit langjähriger Berufserfahrung sucht neue Herausforderung als …

- Ihr Stichwort: tüchtige Sekretärin; meines: Das bin ich!

- Sie suchen … Ich biete … (Zutreffendes einsetzen!)

- Das wird ein wunderbarer Start … Vertrauen Sie meiner Problemlösungskompetenz

Die Anrede

»Sehr geehrte Damen und Herren« ist nicht schön, weil es sehr unpersönlich wirkt. Finden Sie heraus, wie der Empfänger und Entscheider heißt, z. B. durch ein Vorabtelefonat mit der Firma. Im Zweifel schreiben Sie namentlich an den Inhaber (Geschäftsführer, Personalleiter etc.) und gleich darunter an die »sehr geehrten Damen und Herren …«).

Zum Auftakt

Jeder Journalist muss seine Leser mit dem ersten Satz neugierig machen und zum Weiterlesen »verführen«. Denn Leser sind ungeduldig. Genau dasselbe gilt auch für Personalentscheider. Deshalb sollten Sie den Einstieg zu Ihrer Bewerbung so gestalten, dass Ihr Arbeitgeber »dranbleiben« will. »Hiermit bewerbe ich mich um …« oder »Ich beziehe mich auf Ihre Anzeige …« sind langweilige Einstiege. Als Richtlinien für den Anfang gelten: Spannung erzeugen – Interesse wecken – Freundlichkeit vermitteln.

Beispiele für eine elegante Eröffnung:

- Sie beschreiben eine berufliche Aufgabe, die mich besonders interessiert …

- Mit großem Interesse habe ich Ihre Anzeige gelesen und möchte mich Ihnen als … vorstellen …

- Die von Ihnen ausgeschriebene Position/ Aufgabe …

Der Hauptteil

Hier gilt es, in kurzer und prägnanter Form darzustellen, warum Sie sich bewerben und weshalb gerade Sie der richtige Bewerber sind. Zeigen Sie, dass Sie genau ins Anforderungsprofil der Firma passen und was Sie Besonderes zu bieten haben.

Zum Schluss

Keine Plattheiten, sondern einen freundlich-verbindlichen Schlusston setzen. Der letzte Satz klingt immer noch ein paar Momente im Gedächtnis nach.

Vorschläge für Abschlussformulierungen:

- Wenn ich Ihr Interesse geweckt habe, würde ich mich über eine Einladung zu einem Vorstellungsgespräch sehr freuen.

- Sollten Ihnen meine Bewerbungsunterlagen zusagen, stehe ich Ihnen gern zu einem Vorstellungsgespräch zur Verfügung.

- Sollten Sie nach Durchsicht meiner Unterlagen weitere Informationen bzw. ein persönliches Gespräch wünschen, so stehe ich hierfür gern zur Verfügung.

- Ich würde mich freuen, wenn Sie mich zu einem Vorstellungsgespräch einladen. Hier können wir dann gegebenenfalls weitere Details wie Eintrittstermin und Anfangsgehalt besprechen.

- Für weitere Auskünfte stehe ich Ihnen gerne in einem persönlichen Gespräch jederzeit zur Verfügung.

- Über die Einladung zu einem Vorstellungsgespräch freue ich mich.

Zur Grußformel

Üblich sind folgende Formulierungen: »Mit freundlichen Grüßen« oder »Mit besten Grüßen«. Sie können aber auch »Herzliche ...« oder »Viele Grüße« unter dem Zusatz: » ...nach Berlin« bzw. »aus Musterstadt« (Ihrem Ort) senden.

Zur Unterschrift

Unterschreiben Sie am besten mit blauer Tinte oder einem hochwertigen tintenähnlichen Schreibstift (nicht mit Kugelschreiber). Und zwar immer mit Vor- und Zunamen, so leserlich, dass man ihn gut nachvollziehen kann. Ihr Name sollte nicht mit dem Schreibprogramm Ihres PCs wiederholt werden, d. h. nicht noch einmal unter der Unterschrift gedruckt stehen.

Zum Anlagenvermerk

Etwa 3–5 Zeilen unter der Grußformel steht der Anlagenvermerk, davor Ihre Unterschrift. Es ist ausreichend, hier mit dem Wort »Anlagen« auf Ihre Bewerbungsunterlagen zu verweisen. Sie brauchen nicht alles einzeln aufzuführen.

 WICHTIG
»Hochachtungsvoll« schreibt man heutzutage absolut nicht mehr und es steht auch kein Komma nach der Grußformel.

Zum PS

Sehr interessant ist die PS-Notiz, die Sie ebenfalls auffällig gestalten dürfen. Nutzen Sie hier die Gelegenheit, durch einen Nachsatz nochmals auf sich und Ihr Angebot aufmerksam zu machen, wie beispielsweise durch einen Hinweis, ein Versprechen oder ein Kompliment.

Textbausteine für PS-Zeilen:

- PS: Mit einer kleinen Arbeitsprobe möchte ich Sie von meiner Kompetenz überzeugen. Können wir dazu in den nächsten Tagen telefonieren?

- PS: Ich bin mir sicher, die von Ihnen gestellten Aufgaben aufgrund XYZ zu Ihrer vollsten Zufriedenheit lösen zu können. Bitte rufen Sie mich an.

- PS: Ich gebe meine Unterlagen persönlich ab ... (um mir schon einmal selbst einen Eindruck von der Atmosphäre in Ihrem Unternehmen zu machen).

Überblick

Kurz und übersichtlich: kreative Gestaltungsmöglichkeiten von Anschreiben

- Per Hand (auf leserliche Handschrift und gutes Schreibwerkzeug achten, ggf. auch die Farbe der Schrift berücksichtigen)

- Format (anderes Format als DIN A4, Sie können auch eine Art Visitenkarte oder Postkarte als Kurzanschreiben nutzen)

- Briefkopf, Absender (Platzierung und Gestaltung)

- Foto (bereits hier, was nicht ein weiteres auf der entsprechenden Lebenslaufseite ausschließt!)

- Betreffzeile (Inhalt und Gestaltung)

- Anrede (nicht nur namentlich, sondern auch per Hand geschrieben)

- Inhalt (Länge und Positionierung)

- Unterstreichungen, Fettungen, Kursivsetzungen oder Farbmarkierungen

- Abschlussformel (mit Grüßen aus oder von/nach, s. S. 61)

- Nicht vergessen: Unterschrift immer mit Vor- und Zunamen, möglichst in Königsblau, kein Kugelschreiber!

- PS (Nachsatz, Hinweis, interessanter Eyecatcher, s. links)

Adresse
Name, Adresse, Telefonnummer, E-Mail-Adresse

Übersicht:
Aufbauschema Anschreiben

Anschrift
Firma
Ihr Ansprechpartner
Firmenadresse

Ort, aktuelles Datum
Musterstadt, 01.01.2014

Betreffzeile

Die Anrede
Sehr geehrte Frau …/Sehr geehrter Herr …
(hier eine Leerzeile einfügen)

Der 1. Absatz
Sagen Sie hier etwas zum Aufgabengebiet, zum Arbeitsort und zum
Arbeitgeber. Vermeiden Sie einen langweiligen Einleitungssatz wie
»hiermit bewerbe ich mich um …«.

Der 2. und eventuell 3. Absatz
Hier können Sie auf die in der Anzeige angegebenen Anforderungen eingehen.
Zählen Sie dabei nicht alles wortwörtlich auf. Überlegen Sie, bei welchen Gelegen-
heiten Sie schon diese Eigenschaften bewiesen haben – also z. B. Tatkraft, Geduld,
Belastbarkeit oder Teamgeist. Dann beschreiben Sie kurz eine solche Situation.

Der letzte Absatz
Schreiben Sie, dass Sie interessiert an einem persönlichen Gespräch sind.

Grußformel
Mit freundlichen Grüßen

Unterschrift
Sie unterschreiben gut leserlich mit
Vor- und Zunamen, möglichst mit blauer Tinte.

Anlagen

CHECKLISTE

Anschreiben

✓ Haben Sie zuerst Ihren Lebenslauf erstellt und Ihr Anschreiben darauf abgestimmt?

✓ Ist der Briefkopf (Ihre Absenderdaten) vollständig: Name, Anschrift, Adresse, Telefon-/Mobiltelefonnummer, E-Mail-Adresse?

✓ Ist die Empfängeranschrift korrekt? Haben Sie einen konkreten Ansprechpartner genannt?

✓ Sind Absendeort und -datum richtig platziert?

✓ Gibt es eine Betreffzeile (bitte ohne »Betr.«), die klar Auskunft gibt, worum es geht?

✓ Ist das Anschreiben lesefreundlich (Schriftgröße 11–13, Schrifttyp nicht zu ausgefallen, Seitenrand ca. 4 cm links, ca. 3 cm rechts)?

✓ Sind alle geforderten Angaben (Gehaltswunsch, möglicher Einstiegstermin etc.) beantwortet?

✓ Haben Sie unterschrieben (Vor- und Zuname, keine computerschriftliche Wiederholung Ihres Namens)?

✓ Haben Sie an die Anlagen (allein das eine Wort »Anlagen« unten reicht bereits) gedacht?

✓ Denken Sie daran, dass das Anschreiben lose auf der Mappe liegt.

✓ Vermeiden Sie selbstverständlich Flecken, Eselsohren oder zerknittertes Papier.

✓ Wurde Ihr Anschreiben kritisch und sehr sorgfältig von einer anderen Person gegengelesen?

Beispiel eines Anschreibens (Sanitärfachmann)

Sanitärhaus Sturm

Wir suchen einen jungen, fleißigen Sanitärfachmann, der auch gelegentlich in unserem Hauptgeschäft unsere Kunden berät.

Wir erwarten

- abgeschlossene Berufsausbildung
- mindestens 3-jährige Berufspraxis
- selbstständiges Arbeiten
- Flexibilität (auch Wochenenddienst)
- Erfahrungen im Verkauf
- möglichst PC-Kenntnisse

Ihre schriftliche Bewerbung richten Sie an: Anton Sturm, Burgallee 135, 21205 Hamburg

---

Was ist wichtig?

Hier sucht ein Handwerksbetrieb eine neue Arbeitskraft. Wichtig scheinen die Einsatzfreude und die zeitliche Flexibilität des jungen und doch schon erfahrenen Bewerbers zu sein. Aber auch Selbstständigkeit und Verkaufserfahrungen sowie PC-Kenntnisse werden gewünscht. Da eine Adresse angegeben ist, könnten Sie gegebenenfalls selbst das Unternehmen aufsuchen, um einen ersten persönlichen Eindruck davon zu bekommen, wie die Atmosphäre im Betrieb ist, und natürlich um einen ersten und vor allem guten Eindruck von sich zu hinterlassen. Je sympathischer Sie bei der ersten Begegnung mit Ihrem möglichen neuen Arbeitgeber wirken, desto besser.

Unser Bewerber

Peter Münch ist gelernter Gas- und Wasserinstallateur und hat bereits fünf Jahre in seinem Beruf als Geselle gearbeitet. Seit einem halben Jahr ist er arbeitslos, nachdem der Kleinbetrieb seines Meisters, bei dem er auch die Ausbildung gemacht hatte (Abschluss: gut), in Konkurs ging. In dieser Zeit hat er einen Fortbildungslehrgang besucht und sich als Aushilfstätigkeit einen Nebenjob als Hausmeister organisiert. Nun möchte er endlich wieder in einem Handwerksbetrieb seiner Branche einen vollen Arbeitsplatz einnehmen. Er ist flexibel, was den Arbeitsanfang anbetrifft, und hat seine Unterlagen nach einem Vorabtelefonat persönlich vorbeigebracht und abgegeben. Nicht schlecht! Das schafft einen hohen Aufmerksamkeits- und Erinnerungswert.

Auf der folgenden Seite sehen Sie nun das Ergebnis.

Unser Kommentar

Absender: die Briefkopfzeile ist vollständig und ästhetisch.

Datum: ist in der richtigen Form präsentiert.

Betreffzeile: sehr aussagekräftig (pointiert) getextet (Anzeige, Zeitung, Zeitpunkt und mehr!).

Anrede: persönlich formuliert und vorab telefoniert, was die Chancen enorm erhöht.

Inhalt: wirkt überzeugend. Stilistisch ein gelungener Text (keine »Hänger« oder ständige Wiederholungen von Satzanfängen mit »Ich«). Der Bewerber bringt Argumente, die für ihn sprechen und als Anforderungen im Anzeigentext des Unternehmens standen. Die Gliederung (Absatzgestaltung!) ist schön und der Text enthält keine ungeschickte Aussage über die aktuelle Arbeitslosigkeit.

Länge: ein wenig kürzer wäre besser.

Absätze: sind ordentlich und gut strukturiert.

Unterschrift: richtig so!

PS: am Ende ist ein besonders gut gelungener, überzeugender Hinweis.

Anlagen: genau so reicht es!

Gestaltung: raffiniert. An wenigen, aber wichtigen Stellen ist der Text fett bzw. unterstrichen oder grau hinterlegt.

Fazit: Der Kandidat verschafft sich sehr gute Chancen durch das Vorab-Telefonat, die mutig entschlossene persönliche Abgabe der Unterlagen und durch das PS.

Peter Münch   Am Wallgraben 2   20201 Hamburg   Telefon: 040 3542612

Anton Sturm
Sanitärhaus Sturm
Burgallee 135
21205 Hamburg

Hamburg, 29.06.2014

Ihre Anzeige vom 25.06.2014 im Abendblatt
Ihr Stichwort: fleißiger Sanitärfachmann,
meines: ... **der bin ich!**

Sehr geehrter Herr Sturm,

vielen Dank für das freundliche und informative Telefonat. Ihre Ausführungen haben mich bestärkt, Ihnen meine Bewerbungsunterlagen persönlich vorbeizubringen.

Nach meiner Ausbildung zum Gas- und Wasserinstallateur (Abschlussnote: gut) habe ich fünf weitere Jahre in meinem Ausbildungsbetrieb gearbeitet. Während dieser Zeit wurde ich sowohl mit Aufgaben der Altbausanierung betraut als auch in unserem Verkaufsgeschäft in der Müllerstraße bei der Kundenberatung und **im Verkauf eingesetzt**.

Der Umgang mit der Kundschaft hat mir immer sehr viel Spaß gemacht und ich denke, von mir sagen zu können, dass ich ein gewisses **Verkaufstalent** habe. Da wir ein Kleinbetrieb waren, hat mich mein Chef von Anfang an stark gefordert und mir eine sehr selbstständige Arbeitsweise abverlangt. Diese habe ich dann auch – wie Sie aus meinem Arbeitszeugnis entnehmen können – zu seiner vollsten Zufriedenheit erfüllt.

Bedingt durch den Konkurs meines Arbeitgebers aufgrund eines Großkunden, der selbst in Zahlungsschwierigkeiten gekommen war, musste ich mich um eine andere Tätigkeit zur Überbrückung bemühen.
Diese fand ich kurz darauf als Hausmeister und handwerkliche Allroundkraft.
Hier habe ich nicht nur meine Flexibilität und Einsatzstärke erneut unter Beweis gestellt, sondern konnte auch meine sonstigen handwerklichen Fähigkeiten weiter ausbauen. Zusätzlich habe ich mich in dieser Zeit beruflich fortgebildet, wie Sie den beigefügten Anlagen entnehmen können.

Es würde mich freuen, Sie in einem Vorstellungsgespräch von meiner Qualifikation zu überzeugen und bitte Sie deshalb, mich einzuladen.
Eine Arbeitsaufnahme könnte dann sehr schnell erfolgen.

Mit freundlichen Grüßen

Peter Münch

PS: Diese Bewerbungsunterlagen erstelle ich auf meinem eigenen PC (Betriebssystem Windows 7), sodass ich Ihre Anforderungen diesbezüglich sicher erfüllen kann.

Anlagen

Anlagen, Beigaben, Arbeitsproben

Bitte vergessen Sie nicht: Ihre Bewerbungsunterlagen sind insgesamt eine aussagekräftige erste Arbeitsprobe. Wenn Sie sich bei der Bewerbung Mühe geben, dann – so die Schlussfolgerung des Personalentscheiders – werden Sie sich auch bei der Arbeit Mühe geben. Reagieren Sie schnell auf eine Stellenanzeige oder auf die Bitte, nach einem Telefonat etwas nachzureichen, oder brauchen Sie ewig? Wer viel Zeit vergehen lässt, könnte den Eindruck erwecken, dass er auch andere wichtige Dinge auf die lange Bank schiebt. Das bedeutet aber nicht, gleich am Erscheinungstag der Anzeige zu schreiben oder zu telefonieren. Dadurch könnte der Eindruck entstehen, dass Sie es vielleicht »sehr nötig« haben. Ein paar Tage dürfen Sie also ruhig verstreichen lassen, bevor Sie sich auf eine Anzeige hin melden.

Gut formulierte und strukturierte Bewerbungsunterlagen sprechen für die Klarheit Ihres Denkens. Versenden Sie daher bitte nicht zu viele Anlagen. Nur die wichtigsten Dokumente, die Bezug zur angestrebten Position haben, gehören in Ihre Bewerbung.

Bei kreativen und wissenschaftlichen Berufen sind »echte« Arbeitsproben üblich. Werbeleute und Grafiker können beispielsweise auf eine Anzeigenkampagne hinweisen, die sie entworfen haben, Baufachleute auf Bauvorhaben, die sie betreuten. Wissenschaftler fügen eine Publikationsliste, Journalisten ausgewählte Artikel bei. Auch Sie haben sicherlich an Projekten mitgearbeitet, auf die Sie auf einem Extrapapier verweisen können.

Dies sind aber eher Ausnahmefälle. Generell gilt: Heben Sie sich diese Art von Arbeitsproben für einen späteren Zeitpunkt auf. Wenn Sie zum Vorstellungsgespräch eingeladen werden, können Sie eventuell geeignete Arbeitsproben mitbringen. Wer die richtige Idee hat, kann der Bewerbung etwas anderes beilegen: z. B. ein Foto, eine Projektbeschreibung, einen Internetlink zur eigenen Homepage oder einer Referenzseite.

Weitere wichtige Bewerbungsformen

Nach den klassischen Arten, sich zu bewerben, gibt es einige spezielle Formen der Bewerbung. Es handelt sich um:

- die Bewerbung auf eine Chiffre-Anzeige
- die Kurzbewerbung
- die unaufgeforderte Bewerbung (»Initiativbewerbung«)
- das eigene Stellengesuch
- die E-Mail-Bewerbung
- die Bewerbung über ein Online-Formular

Bewerbung auf eine Chiffre-Anzeige

Chiffre-Anzeigen haben die Funktion, den Inserenten (den Arbeitgeber) zunächst anonym zu lassen. Dies geschieht in der Regel aus folgenden Gründen: Man möchte ein zu frühes Bekanntwerden der ausgeschriebenen Stelle verhindern und so Unruhe unter den Mitarbeitern vermeiden. Die Firma expandiert, verändert die Struktur in den Abteilungen und will dies nicht jeden (insbesondere die Konkurrenz) wissen lassen. Oder: Das Unternehmen hat keinen bedeutenden Namen oder ein beschädigtes Image und versucht auf diese Weise, eine mögliche Bewerbungshemmschwelle zu umgehen.

Man richtet seine Bewerbung nicht an das Unternehmen selbst, sondern an die Zeitung oder Online-Jobbörse, die die Anzeige veröffentlicht hat. Diese leitet die Post dann weiter. Achtung: Es ist zwar unwahrscheinlich, dass Ihr jetziges Unternehmen genau diese Anzeige aufgegeben hat, kann aber dennoch sein – es wäre ungünstig, wenn Sie dann versehentlich Ihre Wechselabsichten preisgeben. Um das zu verhindern, können Sie Ihre Unterlagen mit einem Sperrvermerk kennzeichnen. Legen Sie in diesem Fall einen an Sie adressierten und ausreichend frankierten Rückumschlag bei.

Kurzbewerbung

Eine Kurzbewerbung enthält das Bewerbungs-anschreiben mit allen auf S. 63 dargestellten Fakten zu Ihrer Qualifikation und Bewerbungs-motivation und einen kurz gefassten Lebenslauf mit Foto. Einer Kurzbewerbung werden keine weiteren Unterlagen, wie beispielsweise Anlagen oder Extraseiten (s. S. 44 ff.), beigefügt. Auf den Lebenslauf kann sogar auch verzichtet werden. Im Bewerbungsanschreiben sollte jedoch die Anmerkung enthalten sein, dass Sie auf Wunsch Ihre vollständigen Bewerbungsunterlagen zusenden werden.

Eine Kurzbewerbung kann auch bei einer Initiativbewerbung angemessen sein. In diesem Fall dient sie beiden Parteien (Absender und Empfänger) dazu, schnell abzuklären, ob die Chancen für ein weiterführendes Bewerbungsverfahren gut sind. Eine Seite Anschreiben und eine Seite Lebenslauf sind völlig ausreichend und nur noch durch die Kombination von Anschreiben und Lebenslaufdaten auf einer Seite zu toppen.

WICHTIG

Ob Kurz-, Initiativ-, E-Mail-Bewerbung oder eigenes Stellengesuch, immer wieder geht es darum, dem Empfänger zu verdeutlichen, was **Sie** für ihn und seine Probleme tun können.

Dabei ist die **KLP-Formel** (s. S. 5) ein ganz wichtiger Leitfaden ebenso wie Ihr Bewusstsein, dass Sie als »Problemlöser« eingestellt werden und für Ihren »Kunden«, den Auftraggeber (altmodisch Arbeitgeber) tätig sein wollen. Dieser wird sich immer fragen: »Kann ich dem Anbieter (das sind **Sie!**) vertrauen?« und entscheiden, ob er Ihnen den Auftrag/Job zutrauen will.

Unser Kommentar

Absender: ein interessant »komponierter« Briefkopf. Die grafische Gestaltung mit dem grauen Kasten wird im quadratischen Foto wiederholt.

Anrede: Der Kandidat hat sich über die Firma erkundigt, denn er kann den Ansprechpartner benennen.

Inhalt: Auch in dieser Kurzform versteht es der Bewerber, für sich zu werben. Der Hinweis, weitere Unterlagen zusenden zu können, ist bei einer Kurzbewerbung wichtig und darf keinesfalls vergessen werden.

Sehr schön: Es wird begründet, warum der Bewerber gerade in diesem Unternehmen tätig werden will (er kennt die Firma als Kunde und schätzt sie sehr).

Fazit: eine insgesamt gute und einfallsreiche Kurzbewerbung.

ALEXANDER ARNDT
Quentinufer 67
32052 Herford
Tel. 05221 3456529

Reparatur Service GmbH
Herrn Volker Friedrichsen
Im Schiernholz 8
32049 Herford

Herford, 02. Juni 2014

Sehr geehrter Herr Friedrichsen,

ich möchte Sie gern auf jemanden aufmerksam machen: auf mich, Alexander Arndt (50).

Wer ich bin?

Ein engagierter und erfahrener Kfz-Schlosser.

Was ich möchte?

Einen Arbeitsplatz in Ihrem Unternehmen, das ich bereits als Kunde kennen- und sehr schätzen gelernt habe. Gern möchte ich hier meine Stärken wie Präzision, Geschicklichkeit und Selbstständigkeit einsetzen.

Was ich kann?

Ich biete Ihnen langjährige Erfahrung mit den verschiedensten Fahrzeugtypen: VW/Audi, Ford, Volvo und Mercedes. Die Reparatur und Wartung von Lkws gehört auch zu meinem Repertoire, ebenso wie der Führerschein Klasse C. Außerdem bringe ich gute Kenntnisse der hydraulischen, pneumatischen und elektronischen Systeme und Anlagen mit. Eine permanente Fortbildung ist mir sehr wichtig. Daher habe ich verschiedene Schweißerlehrgänge besucht und erfolgreich abgeschlossen. Ich arbeite gern im Team, bin aber dank meines Organisationstalents und großer Flexibilität auch in der Lage, eigenverantwortlich zu handeln.

Gern sende ich Ihnen weitere Unterlagen zu. Selbstverständlich stehe ich jederzeit für ein persönliches Gespräch zur Verfügung.

Mit freundlichen Grüßen

Alexander Arndt

Initiativbewerbung

Ob als Blind-, Direkt-, kalte, aktive oder unaufgeforderte Bewerbung bezeichnet – gemeint ist immer dasselbe: Sie nehmen von sich aus, unaufgefordert, Kontakt zu einem möglichen Arbeitgeber auf. Gut formuliert und ansprechend präsentiert haben Initiativbewerbungen eine gute Chance. Etwa 20 % aller Bewerber erhalten auf diesem Weg einen Job. Vorteil: Sie sind nicht einer von vielen Bewerbern, die Konkurrenz ist deutlich geringer. Weiterer Vorteil: Wenn Sie in der Bewerbungsphase aktiv eigene Ideen verwirklichen, die über das bloße Reagieren hinausgehen, stärkt das Ihr Selbstbewusstsein. Innere Zufriedenheit und Selbstvertrauen sind wesentliche Faktoren, wenn es darum geht, sich wohlzufühlen und überzeugend zu wirken. Bei der Initiativbewerbung geht es vor allem darum, die AIDA-Formel zu berücksichtigen (s. S. 57) und einen besonders guten »(Be-)Werbungsprospekt« in eigener Sache zu entwerfen. Die Herausforderung dabei ist, besonders kurz und präzise darzustellen, warum Sie gerade in diesem Unternehmen, in dieser Position arbeiten wollen und was Sie Besonderes zu bieten haben.

Eigenes Stellengesuch

Ein eigenes Stellengesuch in den Printmedien oder im Internet aufzugeben ist eine weitere Möglichkeit, aktiv eine neue Arbeitsstelle zu finden. Wählen Sie sorgfältig das richtige Medium (Tageszeitung, Branchenpresse, Internet-Jobbörse) aus. Die Preise dafür sind erschwinglich!

Ein gutes Stellengesuch zeichnet sich durch einen dichten Informationsgehalt auf engem Raum aus. Nur das Wesentliche über Ihre Person und Ihre Fähigkeiten soll genannt werden, denn je prägnanter und kürzer der Text für die hervorstechenden Merkmale des Bewerbers wirbt, desto besser. Machen Sie sich bei der Zusammenstellung Ihrer

CHECKLISTE

Beantwortet Ihr Gesuch die folgenden Fragen:

✓ »Was habe ich zu bieten?« (berufliche Schwerpunkte, fachliche und soziale Kompetenzen, spezielle Qualifikationen und ggf. Führerschein, Sprach- und PC-Kenntnisse)

✓ »Wer bin ich?« (Alter, Geschlecht, Mobilität, Ausbildungsabschluss, Titel)

✓ »Was suche ich?« (gesuchter Arbeitsplatz, angestrebte Position, möglicher Eintrittstermin)

TIPP

Zeitungsannoncen sind Ihnen zu teuer? Dann inserieren Sie (meistens) kostenfrei im Internet bei einer der großen kommerziellen Jobbörsen.

Anzeige folgende Gedanken: »Welche Eigenschaften sind für die gesuchte Position besonders wichtig?« und »Welche Eigenschaften habe ich anderen Bewerbern voraus?«

E-Mail-Bewerbung

Das Beispiel der Reiseverkehrskauffrau auf den Seiten 74–77 zeigt Ihnen, wie eine E-Mail-Bewerbung aussehen kann. Neben Gestaltung und Inhalt sind bei dieser Bewerbungsform aber noch einige Dinge zu beachten. Das fängt beim Einrichten der E-Mail-Adresse an: *blondangel@ hotmail.com* verrät zwar einiges über Ihre Haarfarbe, wirkt aber auf den Personalentscheider nicht seriös. Besser: *Vorname.Nachname@Provider.de*, beispielsweise *Susanne.Schneider@gmx.de*.

Eine Faustregel: Werden im Stellenangebot nicht ausdrücklich die vollständigen Unterlagen verlangt, sind E-Mail-Bewerbungen eher Kurzbewerbungen. Ein ansprechendes Anschreiben und ein gut gestalteter Lebenslauf reichen als Anlagen im E-Mail-Anhang aus. Überhäufen (und nerven) Sie den Adressaten nicht mit einer unübersichtlichen Fülle von Dokumenten und Anhängen. Konzentrieren Sie sich auf das Wesentliche, das Anschreiben und den Lebenslauf, eventuell eine »Dritte

Seite« und das letzte Arbeitszeugnis. Bieten Sie an, die weiteren Unterlagen (Zeugnisse etc.) auf Wunsch nachzureichen.

Über 80 % der Personaler handhaben E-Mail-Bewerbungen wie eine schriftliche Bewerbung. Das heißt im Klartext: Ihr Adressat druckt Ihre E-Mail-Bewerbung aus und legt sie zum Stapel der bereits vorhandenen schriftlichen Bewerbungsmappen. Deshalb sind gut formatierte Anlagen Pflicht.

Dateiformat

Mit Word erzeugte DOC-Dateien sind zwar den meisten PC-Benutzern vertraut, haben aber zwei Nachteile. Zum einen bleiben Layout und Formatierung bei der Datenübertragung häufig nicht erhalten. Zum anderen sind diese Dateien anfällig für sogenannte Makroviren.

Garantiert virenfrei sind RTF-Dateien, die auch Formatierungen beibehalten. Wählen Sie dazu in Ihrer Textverarbeitung, z. B. in Word, unter »Datei > Speichern« unter »Dateityp« die Option Rich Text Format (RTF).

Eine professionelle Alternative bieten sogenannte PDF-Dateien (Portable Document Format) der Software-Firma Adobe. PDF ist ein Dateiformat, das alle Schriften, Formatierungen, Farben und Grafiken Ihres Dokuments erhält. Im Geschäftsleben gehört die Software inzwischen zum Standard. Ihr besonderer Vorteil: Bittet Ihr Ansprechpartner ausdrücklich um Foto, Zeugnisse und andere Anlagen, können Sie die gescannten Dokumente ebenfalls als PDF-Dateien versenden. Probleme beim Öffnen der mehr oder minder großen Anhänge in unterschiedlichen Grafik-

Programmen vermeiden Sie auf diese Weise. PDF-Dateien lassen sich auch ohne teure Software direkt aus Word oder mithilfe eines kostenfreien Programms (z. B. FreePDF) erstellen. Auch hier gilt: Weniger ist mehr. Schütten Sie den Empfänger nicht mit 20 eingescannten Zeugnissen zu! 1 Seite Anschreiben, 1 bis 2 Seiten Lebenslauf, das letzte, eventuell vorletzte Arbeitszeugnis reichen zunächst. Bieten Sie an, auf Wunsch gerne mehr nachzureichen …

TIPP

Testen Sie unbedingt, wie Ihre E-Mail ankommt. Richten Sie sich eine zweite E-Mail-Adresse ein und schicken Sie vorab eine Testbewerbung an sich selbst.

Die gängigsten Formen der E-Mail-Bewerbung

1. Variante   **E-Mail-Text:** Kurz-Anschreiben ca. 5 Zeilen + Kurz-Lebenslauf maximal 20 Zeilen, kein Anhang

2. Variante   **E-Mail-Text** ca. 5 – 10 Zeilen **+** Dateien im Anhang: Lebenslauf, evtl. das letzte Zeugnis

3. Variante   **E-Mail-Text** ca. 5 Zeilen **+** Dateien im Anhang: Anschreiben, Lebenslauf (evtl. auch 2 Dateien)

4. Variante   **E-Mail-Text** ca. 5 Zeilen **+** Dateien im Anhang: Anschreiben, Lebenslauf, Zeugnisse (maximal in 2 oder 3 Anhänge)

Was wirklich zählt, ist nicht das Anschreiben, weder in der E-Mail selbst noch im Dateianhang. Entscheidend ist immer die Darstellung Ihres beruflichen Werdeganges (Lebenslauf) und was Sie aktuell tun/geleistet haben.

Der Lebenslauf zeigt, ob Sie für die neue Tätigkeit infrage kommen. Ihre Arbeits- und Ausbildungszeugnisse sind auch nur nachgeordnet wichtig. Wenn etwas Bedeutung hat, dann Ihr letztes bzw. vorletztes Arbeitszeugnis (oder auch Zwischenzeugnis). Nicht aber Ihr Schulabschluss vor 15 oder Ihre Ausbildung vor 13 Jahren.

Unser Kommentar

Variante 1

Text: kurz und treffend – direkt in der E-Mail-Maske. In wenigen Zeilen wird hier beim Leser Interesse an der Bewerberin geweckt. Die persönliche Ansprache sorgt ebenfalls dafür, dass dieses Angebot wahrgenommen wird.

Absenderadresse: kommt wie bei E-Mails üblich ans Textende. In diesem Beispiel geht es aber noch mit einem Mini-Lebenslauf weiter. Eine sehr gute Idee! Er rundet das positive Bild einer interessanten Bewerberin ab.

Umfang: Mehr muss nicht sein bei der ersten Kontaktaufnahme. Keine weiteren Anlagen, die eingescannt und mitgeschickt werden müssen. Wichtig wäre jedoch noch der Hinweis, dass man gerne mehr an Unterlagen auf Wunsch vorlegt, vorab oder bei der ersten persönlichen Begegnung.

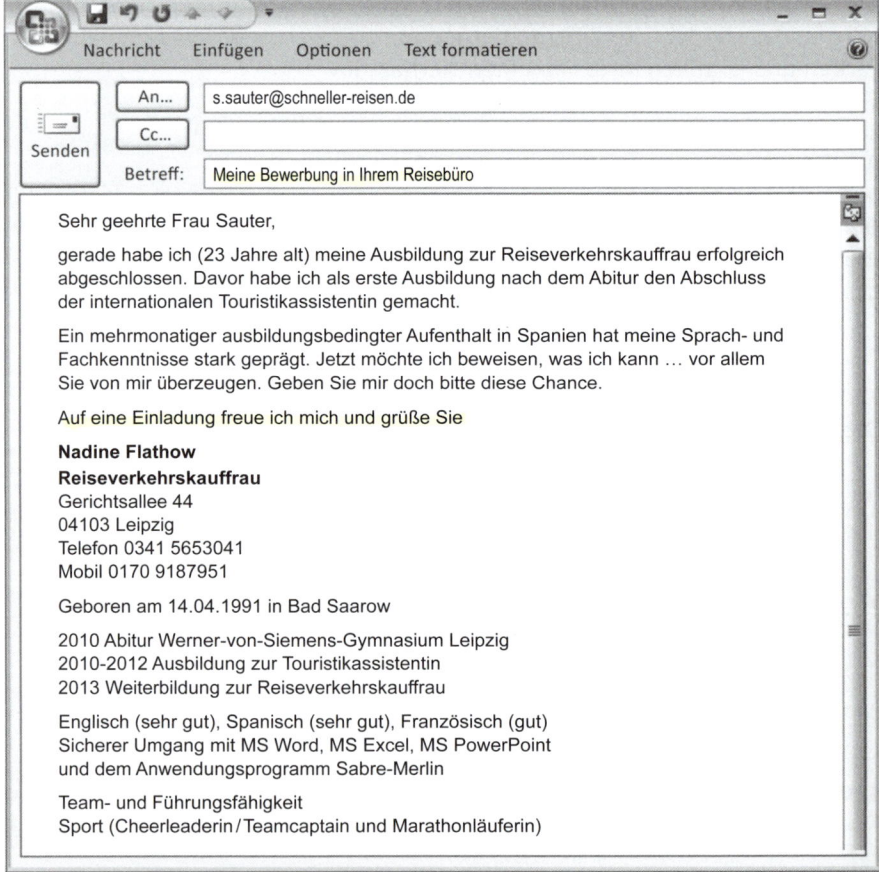

Nachricht   Einfügen   Optionen   Text formatieren

An... s.sauter@schneller-reisen.de
Cc...
Betreff: Meine Bewerbung in Ihrem Reisebüro

Sehr geehrte Frau Sauter,

gerade habe ich (23 Jahre alt) meine Ausbildung zur Reiseverkehrskauffrau erfolgreich abgeschlossen. Davor habe ich als erste Ausbildung nach dem Abitur den Abschluss der internationalen Touristikassistentin gemacht.

Ein mehrmonatiger ausbildungsbedingter Aufenthalt in Spanien hat meine Sprach- und Fachkenntnisse stark geprägt. Jetzt möchte ich beweisen, was ich kann … vor allem Sie von mir überzeugen. Geben Sie mir doch bitte diese Chance.

Auf eine Einladung freue ich mich und grüße Sie

Nadine Flathow
Reiseverkehrskauffrau
Gerichtsallee 44
04103 Leipzig
Telefon 0341 5653041
Mobil 0170 9187951

Geboren am 14.04.1991 in Bad Saarow

2010 Abitur Werner-von-Siemens-Gymnasium Leipzig
2010-2012 Ausbildung zur Touristikassistentin
2013 Weiterbildung zur Reiseverkehrskauffrau

Englisch (sehr gut), Spanisch (sehr gut), Französisch (gut)
Sicherer Umgang mit MS Word, MS Excel, MS PowerPoint
und dem Anwendungsprogramm Sabre-Merlin

Team- und Führungsfähigkeit
Sport (Cheerleaderin/Teamcaptain und Marathonläuferin)

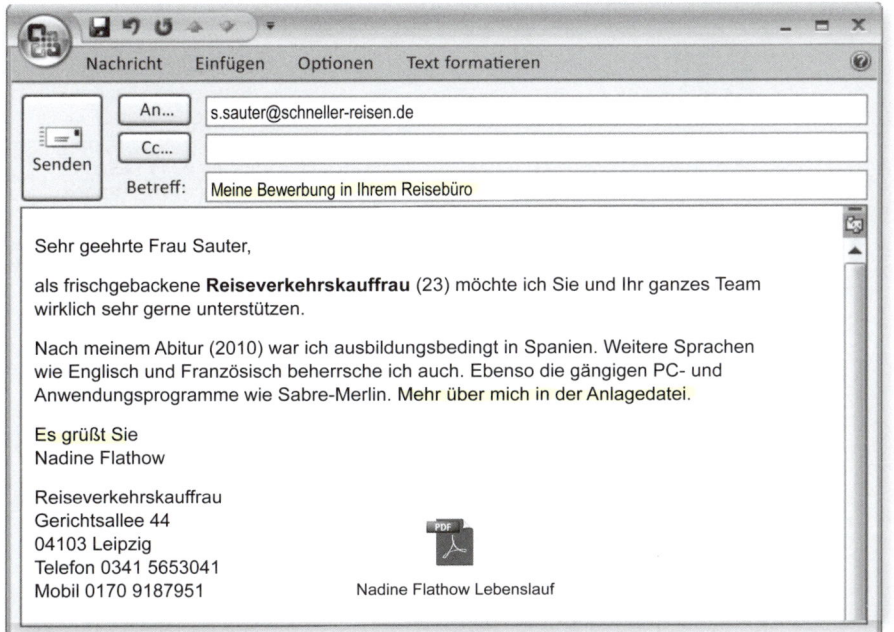

Variante 2

Text: sehr gut! Selbst mit einigen wenigen Zeilen kann es gelingen, eine erste wichtige Botschaft zu vermitteln.

Anhang: Dafür ist jetzt aber eine Anlage notwendig. In dem beigefügten Anhang befindet sich in einer Datei der Lebenslauf (s. S. 77) und eventuell das letzte Arbeits- oder Ausbildungszeugnis. Möglich wäre auch jeweils eine Extradatei, um beide Texte getrennt anzubieten. Für den Empfänger ist das aber weniger praktisch. Warum also nicht beide Dokumente in einer Datei versenden?

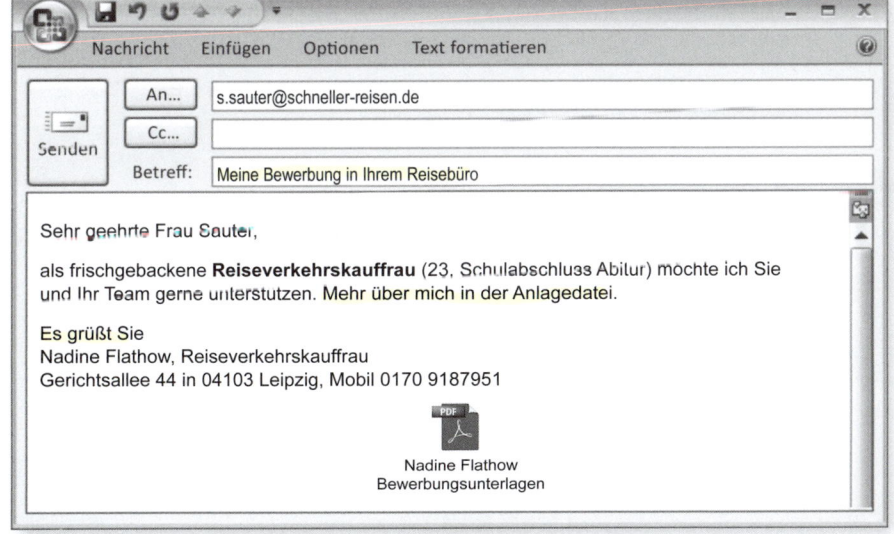

Variante 3

Text: ganz kurzer Text – eine sogenannte Anmoderation.

Anhang: Als Anlage befinden sich im Anhang zusammen oder getrennt, ein klassisches Anschreiben (s. S. 76) und ein entsprechender Lebenslauf (s. S. 77).

Anlage: Anschreiben

So könnte dann das konventionelle Anschreiben aussehen, das Sie als Dateianhang beigefügt haben (im Format: Word, RTF oder am besten als PDF). Hier sehr gut gelungen: Die Textfettungen springen sofort ins Auge und sind sinnvoll. Direkt im Anschluss (also im gleichen Dokument) oder als Extradatei folgt der Lebenslauf.

PS: interessant integriert. Ein Hingucker, der für ein sportlich-dynamisches Image sorgt. So ein geschickt formuliertes PS ist immer eine gute Gelegenheit, die Aufmerksamkeit des Lesers zu erlangen.

Unterschrift: eingescannt oder auch nur getippt, Sie haben die Wahl, denn beides wird akzeptiert.

Unsere Empfehlung: eingescannte Unterschrift ins Dokument einfügen – das wirkt professioneller!

Nadine Flathow
Reiseverkehrskauffrau
Gerichtsallee 44
04103 Leipzig
Telefon 0341 5653041
Mobil 0170 9187951

Schneller Reisen GmbH
Frau Sauter
Promenade 35
01122 Dresden

Leipzig, 01.02.14

Meine Bewerbung in Ihrem Reisebüro

Sehr geehrte Frau Sauter,

auf Ihrer Homepage habe ich Ihre interessante Anzeige entdeckt.

Gerade habe ich (23 Jahre alt) meine Ausbildung zur **Reiseverkehrskauffrau** erfolgreich abgeschlossen. Davor habe ich **nach dem Abitur** als zunächst erste Ausbildung den Abschluss der internationalen Touristikassistentin gemacht.

Ein mehrmonatiger ausbildungsbedingter **Aufenthalt in Spanien** hat meine Sprach- und Fachkenntnisse stark geprägt.

Jetzt möchte ich beweisen, was ich kann … Geben Sie mir doch bitte diese Chance.

Auf eine Einladung freue ich mich
und grüße Sie aus Leipzig

Nadine Flathow

Anlagen

PS: Privat bin ich sportlich sehr aktiv und **Teamcaptain der Cheerleader** der Leipzig Lions (American Football), also alles andere als eine Couch-Potato …

LEBENSLAUF

Nadine Flathow
Reiseverkehrskauffrau

Gerichtsallee 44, 04103 Leipzig
Tel: 0341 5653041
Mobil: 0170 9187951
E-Mail: n.flathow@freenet.de

geboren am 14.06.1989 in Bad Saarow
unverheiratet, keine Kinder, ortsungebunden

Schul- und Berufsausbildung

2001 – 2010   Werner-von-Siemens-Gymnasium Leipzig, Abschluss: Abitur

2010 – 2012   Ausbildung zur Staatl. Geprüft. Intern. Touristikassistentin
                 an der Berufsfachschule für Wirtschaft in Borna

2013   Weiterbildung zur Reiseverkehrskauffrau bei der Akademie
                 für Wirtschaft und Verwaltung in Dresden

Berufserfahrung

2011   Praktikum im 5-Sterne-Hotel Melia Sancti Petri in Spanien

2012   Praktikum im Reisebüro Suntours in Lindenthal / Leipzig

Fähigkeiten

Fremdsprachen in Wort und Schrift: Englisch und Spanisch (sehr gut), Französisch (gut)

Computerprogramme: Sabre-Merlin, MS Office

Führerschein Klasse B

Team- und Führungsfähigkeit

Interessen und Hobbys

Teamcaptain der Cheerleader der American Footballmannschaft Leipzig Lions,
Marathonläuferin

Leipzig, 01.02.2014

Nadine Flathow

Anlage: Lebenslauf

Dieser Lebenslauf ist kaum anders als die Version, die in einer Bewerbungsmappe per Post verschickt wird. Vielleicht versucht man, den Umfang auf dem digitalen Weg ein wenig kürzer zu halten.

Aufbau: klassisch konservativer, aber nicht langweiliger Aufbau.

Unterschrift: eingescannte Unterschrift – sehr gut!

Extras: im Anschluss an den Lebenslauf könnten auch Zeugnisse folgen – im gleichen Dokument oder als Extradatei. Aber nicht zu viele, zwei, drei – mehr möchte kein Mensch lesen, für's Erste!

Besonderheit: Berufsbezeichnung unterhalb des Namens. (Könnte auch daneben platziert sein.) So werden auf den ersten Blick Informationen vermittelt, sehr schön.

CHECKLISTE

E-Mail-Bewerbung

✓ Sprechen Sie den Verantwortlichen stets namentlich direkt an. Kennen Sie Ihren Ansprechpartner nicht, bleibt nur der Griff zum Telefon.

✓ Serienmails sind als Bewerbung völlig ungeeignet. Formulieren Sie jede E-Mail individuell und beziehen Sie sich klar auf das entsprechende Stellenangebot.

✓ Wenn es um eine Initiativbewerbung geht, müssen Ihre Motivation und Ihr besonderes Mitarbeitsangebot sehr sorgfältig formuliert sein.

✓ Selbstverständlich gelten auch online die üblichen Höflichkeitsformen sowie die deutsche Rechtschreibung und Zeichensetzung.

✓ Wählen Sie bei Anhängen das Datei-Format sorgfältig aus (am besten PDF) und benennen Sie die Datei sinnvoll, z. B. *Marcus_Maier_Bewerbungsunterlagen* oder *Lea_Schön_Anschreiben_Lebenslauf*.

✓ Halten Sie sich im Anschreiben, das Sie in die E-Mail selbst schreiben, mit Formatierungen (fett, kursiv, bunte Hintergründe) zurück. Oft ist das E-Mail-Programm des Empfängers so konfiguriert, dass es Ihre Nachrichten gar nicht in dem Format lesen kann, in dem Sie es abgesendet haben.

✓ Einen Kurz-Lebenslauf schreiben Sie besser direkt in die E-Mail. Dies erspart dem Leser das Herunterladen der angehängten Datei – und damit Zeit.

Online-Bewerbungsformular

Vor allem große Unternehmen bieten umfangreiche Formulare für die Online-Bewerbung auf ihren Webseiten an. Wenn Sie sich online bewerben, wird Ihnen schnell klar, dass diese Bewerbungsformulare Ihnen nicht die gleichen gestalterischen und inhaltlichen Möglichkeiten wie individuelle Bewerbungsunterlagen bieten. Bei vielen Formularen sind lediglich vorgefertigte Rubriken auszufüllen, und es ist oft kein oder nicht genügend Freiraum für eigene Formulierungen oder Extrainformationen vorhanden. So besteht vielleicht nicht die Möglichkeit, wichtige Zusatzqualifikationen oder Details Ihres Lebenslaufs zu nennen oder eventuelle Lücken im beruflichen Werdegang zu erklären. Andererseits werden Sie häufig aufgefordert, zusätzlich Ihren Lebenslauf als Dokument anzuhängen. Sollte das Formular von einem Computer ausgewertet werden, besteht immer die Gefahr, dass dieser wichtige Informationen (Abschluss, Qualifikation, Berufserfahrung, Fremdsprachen-/ EDV-Kenntnisse) nach sogenannten K.-o.-Kriterien herausfiltert. So könnte es passieren, dass Sie trotz jahrelanger beruflicher Erfahrung und guter Zeugnisse aufgrund einer fehlenden Qualifikation (z. B. fehlender Abschluss einer Ausbildung, abgebrochenes Hochschulstudium) durch das Raster fallen und nicht zu einem Gespräch eingeladen werden. Lassen Sie sich davon aber nicht entmutigen! Bewerben Sie sich auf dem normalen schriftlichen (Post-)Weg bzw. telefonieren Sie …

Lassen Sie uns diese Online-Formulare an einem einfachen Beispiel näher anschauen (S. 80–83). Wir haben viele Felder mit nützlichen Tipps für Sie gefüllt. Bei einer Bewerbung als Bürokaufmann erfragen die ersten Formularseiten zunächst einmal die Kontaktdaten und das Bewerbungsmotiv des Bewerbers. Danach folgen neue Fenster und Menüs, in denen Angaben zum Schulabschluss, zur Aus- sowie den Weiterbildungen gemacht werden müssen. Im sich anschließenden Formular wird nach den bisherigen Beschäftigungsverhältnissen und den konkreten Arbeitsaufgaben, z. B. Korrespondenz oder Rechnungsbearbeitung, gefragt. Hiernach folgen Angaben zu sonstigen Kenntnissen, beispielsweise Erfahrungen mit speziellen Buchhaltungsprogrammen, dem Führerscheinbesitz sowie den Freizeitinteressen Schließlich hat der Bewerber dann noch die Chance, in einem freien Textfeld, also mit eigenen Worten, beispielsweise zu seinen Stärken sowie beruflichen Zielen individuell Stellung zu nehmen – eine Abfrage, die inhaltlich vergleichbar mit der »Dritten Seite« ist.

Persönliche Daten

Anrede	[▼]	Titel	[▼]
Familienname	[ ]	Vorname	[ ]
Geburtsdatum	[1 ▼] [1 ▼] [1980 ▼]	Geburtsort	[ ]
Geburtsland	[▼]	Staatsangehörigkeit	[▼]

Anschrift Straße [ ]

Anschrift PLZ [ ]   Anschrift Ort [ ]

Telefon mit Vorwahl [ ]   Handy [ ]

E-Mail [ ]

Warum bewerben Sie sich?

Unser Tipp: Nicht ganz einfach! Bitte nicht: »Sie suchen doch ...«
Schreiben Sie besser von »einer neuen Herausforderung«,
»einen wichtigen Beitrag leisten zu wollen« etc.

Für welche Aufgabenbereiche bewerben Sie sich? [▼]

Welche Position / Verantwortung streben Sie an? [▼]

Ihr gewünschter Einsatzort [ ]

Ihr frühester Einsatztermin [1 ▼] [1 ▼] [2014 ▼]

Ausbildung als   [   ]

Weitere Ausbildungen

> *Unser Tipp: Wenn nichts anderes vorhanden, auch »Einarbeitung und Praxis in …«*

Ausbildungsabschluss   [   ]

Weitere Ausbildungsabschlüsse

> *Unser Tipp: Hier können Sie u. a. auch kleine Fortbildungskurse aufführen wie »Reklamationsbeauftragter«, »…Prüfer für …«, »Ausbilderlizenz«, »Haarstylist für XY-Produkte …« etc.*

Berufliche Fortbildung

> *Unser Tipp: Jeder Messebesuch, Kollegenaustausch (Stammtisch), jedes Fachmagazin finden hier Platz, wenn Sie nicht Besseres zu berichten haben.*

Schulabschluss   [▼]

Weiterführende Bildungsabschlüsse   [▼]

Berufliche Tätigkeit aktuell

Unser Tipp: Ganz wichtig: Überlegen Sie sich hier unbedingt etwas Ordentliches ...

Aufgabenschwerpunkt

Unser Tipp: ... Vorher genau überlegen ...

Ergebnisse

Unser Tipp: ... Formulieren Sie ausführlich und nicht zu knapp!

Warum wollen Sie Ihre Tätigkeit wechseln/Ihr Unternehmen verlassen?

Unser Tipp: Unbedingt ausfüllen und gut argumentieren! Aber bitte nicht so: »...Der Chef kann mich nicht leiden und ich verstehe mich nicht mit den Kollegen ...«

Arbeitszeugnis vorhanden | Ja ▾ |

Frühere berufliche Tätigkeiten

Unser Tipp: Ihre Selbstdarstellung: Kompetenzen, Geleistetes, berufliche und persönliche Weiterentwicklung

Aufgabenschwerpunkt

Ergebnisse

Wechselmotiv

Unser Tipp: Berichten Sie hier auf keinen Fall von Schwierigkeiten bei früheren Arbeitsstellen.

Arbeitszeugnis vorhanden | Ja ▾ |

(evtl. mehrmals auszufüllen, je nach Anzahl früherer Arbeitsverhältnisse)

Besondere Kenntnisse

Unser Tipp: Wenn schon nicht alle Felder ausgefüllt sind, dann doch aber die meisten. Mit etwas Überlegung dürfte das für Sie gar nicht so schwer sein ...

Sprachen

Unser Tipp: ... z. B. bei Sprachen: wenigstens Schul-Englisch! ...

EDV

Unser Tipp: ... Seien Sie nicht zu selbstkritisch! Das hier ist dafür nicht der richtige Ort ...

Führerschein A ▼

Sonstige relevante Kenntnisse

Unser Tipp: ... Sie sollen/wollen eingeladen werden, und die Texte liest zunächst vielleicht nur der Computer! Unbedingt ausfüllen!

Ehrenamtliches Engagement

Unser Tipp: Erwähnenswert sind das Engagement für Ihre alte Nachbarin, die Mithilfe in einem Verein (Sport, Musik etc.), auch wenn Sie nicht reguläres Mitglied sind. Nachdenken hilft!

Hobbys

Unser Tipp: Ja nicht auslassen oder »keine« hinschreiben. Sport, Musik, Gartenarbeit, wenn Ihnen nichts Besseres einfallen sollte.

Weitere Bemerkungen/Mitteilungen

Unser Tipp: Das ist Ihre große Chance! Natürlich haben Sie noch die eine oder andere wichtige Botschaft. Und wenn Ihnen gerade überhaupt nichts einfallen will, dann: »Meine Kollegen schätzen an mir ...«, »Mein Vorgesetzter lobte micht neulich für ...«, »Unsere Kunden wissen, in mir haben sie eine/-n ...«

Verpackung, Versand und Übergabe

Sie haben alle Unterlagen für Ihre Bewerbung fertiggestellt und auch Ihre Anlagen sorgfältig ausgewählt. Nun geht es darum, entweder alles per E-Mail auf den Weg zu bringen, was Kosten spart und sehr schnell geht, oder Ihre Bewerbung möglichst ästhetisch zu verpacken und damit bereits äußerlich auf den Inhalt neugierig zu machen. Sehen Sie sich in Ihrem Schreibwarengeschäft bzw. Kopierladen um, welche verschiedenen Arten von Bewerbungsmappen zur Auswahl stehen: edle Mappen, Klemmmappen und Einlegesysteme (z. B. Thermobindesysteme, Vollmappen, Spiralbindesysteme usw.).

WICHTIG

Warnen möchten wir Sie vor zu viel oder einem falsch verstandenen Perfektionismus! Eine Einlegemappe, in der jedes Dokument einzeln in einer Klarsichthülle präsentiert wird, könnte Ihnen leicht als Zwanghaftigkeit ausgelegt werden. Achten Sie auch auf die Farbauswahl: Rosa z. B. kommt nicht so gut an, Weiß ist neutral, mit dezenten Farben liegen Sie richtig. Verzichten Sie besser auf starke Muster und alle Arten von schrillen Gags.

Bewerber für besser bezahlte Posten achten auch auf das Material ihrer Präsentationsmappen. Glattes Plastik ist out, natürliche Materialien dagegen sind in. Es gibt inzwischen eine große Auswahl an farbigen und stabilen Pappen. Wer hier etwas Besonderes auswählt, fällt positiv auf.

Minimalismus mit Konzept

Es geht auch ganz anders: Wenn Sie sich für einen Job im Büro, im Handwerk oder im Verkauf mit etwa 20.000 € bis vielleicht hin zu einem Jahreseinkommen von 35.000 € bewerben, dürfen Sie Ihre Unterlagen sogar einfach nur klammern (eine kleine, elegante Klammer und sehr genau platziert oben links, so wie Notare sie verwenden) oder sie nur durch ein gefalztes, etwa 100 g/m^2 DIN-A3-Blatt umhüllen (schreiben Sie per Hand etwas auf die Titelseite!).

Umschlag und äußere Gestaltung

Kommen wir zur äußeren Verpackung. Ob Sie den klassischen braunen DIN-A4-Umschlag wählen oder besser zu einem weißen mit grauem Papprücken in DIN B5 greifen, macht schon einen Unterschied.

Sie können sich auch für einen Versandumschlag in Ihrer Lieblingsfarbe entscheiden und diesen selbst basteln oder eine der vielen Versandtaschen im Fachhandel kaufen. Im klassischen Fall: Das Anschriftenfeld und Ihr Absender müssen mit der gleichen Sorgfalt behandelt werden wie Ihre anderen Unterlagen. Achten Sie auf Ihre Handschrift (Druckbuchstaben!).

Wer keine leserliche Handschrift hat, beschriftet Etiketten (Aufkleber für Adresse und Absender) besser mit dem PC.

Versand

Der klassische Weg ist der über die Postzustellung. Achten Sie darauf, die Briefmarken sorgfältig aufzukleben. Überlassen Sie das besser nicht einem gestressten Schalterbeamten. Nehmen Sie wenn möglich Sonderbriefmarken und frankieren Sie richtig! Nichts ist ärgerlicher, als wenn Ihr Adressat (Straf-)Porto nachzahlen muss

TIPP

Wenn Sie an dem Ort, für den Sie sich beworben haben, bzw. in der Nähe wohnen, haben Sie eine weitere Möglichkeit: Geben Sie Ihre Bewerbungsunterlagen persönlich ab! Fragen Sie sich im Betrieb oder Unternehmen bis zur richtigen Stelle durch. Nutzen Sie die Gelegenheit für ein nettes Gespräch mit der Sekretärin. Und: Bitten Sie um einen kurzen Gesprächstermin zur persönlichen Übergabe, keine zwei Minuten. Gegebenenfalls bieten Sie an zu warten, bis der Personalentscheider sein Meeting etc. beendet hat (bieten Sie evtl. an wiederzukommen, falls es zu lange dauert). Richtig genutzt, stellen die persönliche Übergabe und ein kleines Gespräch eine tolle Chance dar!

WICHTIG

Bewahren Sie immer eine Kopie Ihrer versendeten Unterlagen in der Nähe des Telefons auf. So haben Sie alle Details gleich griffbereit, falls Sie vom potenziellen Arbeitgeber angerufen werden. Und: Nehmen Sie die Unterlagen auch zum Vorstellungsgespräch mit; so wissen Sie gleich, welche Daten Ihr Gegenüber vorliegen hat.

oder er die Annahme verweigert und der Brief postwendend an Sie zurückkommt.

Und: Wählen Sie keine Postsonderzustellung (wie z. B. Einschreiben, Express oder Wertbrief). Das wirkt eher zwanghaft und drängelnd.

Sollten Sie Ihre Bewerbung per E-Mail auf den Weg zum Empfänger bringen, was heute bereits in über 50 % der Fälle so gehandhabt wird, spart das Ihnen nicht nur Zeit und (Versand-)Kosten, sondern erfordert auch die Beachtung folgender Besonderheiten: Versetzen Sie sich vor dem Versand Ihrer Unterlagen in die Situation eines Personalentscheiders – niemand will beim Herunterladen minutenlang warten, anschließend zig Dateianhänge öffnen und dann entscheiden, ob und was ausgedruckt wird. Um einen ungefähren Richtwert zu nennen: Eine E-Mail-Bewerbung sollte nicht mehr als 2-3 Megabyte groß sein und nur Anschreiben und Lebenslauf umfassen, vielleicht noch das letzte Arbeitszeugnis oder in einer Extradatei, die mit angehängt ist (damit hätten

wir jetzt also 2 Anhänge), einige ausgewählte Zeugnisse (aber bitte deutlich unter 10 Seiten!).

Wählen Sie eine aussagekräftige, individuelle Betreffzeile für Ihre Bewerbung aus, z. B. »Meine Bewerbung als Krankenschwester« oder »Ein Vertriebsprofi stellt sich vor«. So kann Ihre Nachricht besser zugeordnet werden und Sie riskieren nicht, dass man die E-Mail für eine Massensendung oder vielleicht sogar für eine Werbebotschaft (Spam) hält.

Und wählen Sie Ihre eigene E-Mail-Adresse, mit der Sie sich bewerben wollen, mit Bedacht, auf keinen Fall etwas wie *Mausi100@hotmail.com*. Empfehlenswert ist eine Kennzeichnung mit richtigem Vor- und Zunamen sowie der Versand von einem neutralen Account aus, wie z. B. web.de, gmx.de oder googlemail.com.
Beispiel: *elisabeth.brinckmann@web.de*

Zum Abschluss präsentieren und kommentieren wir die ausführlichen Bewerbungsunterlagen einer Sekretariatsfachkraft und eines Speditionskaufmanns/Verkehrswirts. Lassen Sie sich inspirieren …

TIPP

Versenden Sie vorab eine Ihrer E-Mail-Bewerbungen an sich selbst oder einen Freund. So können Sie überprüfen, ob und wie alles beim Empfänger ankommt. Achten Sie auch darauf, dass Ihr Mailprogramm den Mails keine Werbung hinzufügt.

Hanna Hensel
Sekretariatsfachkraft
Am Osterberg 7
14469 Potsdam
Tel. 0330/1234566
E-Mail hensel@gmx.de

Schader Finanz & Boden Management GmbH
Herrn Schmidt
Kurfürstendamm 100
10707 Berlin

Potsdam, 30. Juni 2014

**Sekretärin, 40 Jahre, mit langjähriger Berufserfahrung,
sucht zum 1. August 2014 aktive, anspruchsvolle Mitarbeit
in Ihrer Immobilien-Management-Firma**

Sehr geehrter Herr Schmidt,

Ihre Sekretärin Frau Löfler sagte mir heute in einem Telefongespräch, dass Sie
in Potsdam eine Niederlassung Ihres Unternehmens planen. Mir ist Ihre Firma aus
meiner Zeit in Wiesbaden ein Begriff, denn ich hatte durch meine damalige Tätigkeit
Kontakte zu Ihrer dortigen Niederlassung.

Sehr gern würde ich den Aufbau Ihrer Firma in Potsdam durch meine engagierte und
aktive Mitarbeit voranbringen. Aufgrund meiner Tätigkeit bei Müller Immobilien OHG
in Berlin bringe ich fundierte Erfahrungen als Sekretärin des Projektleiters im
Immobilien-Management mit.

Ferner strebe ich aus persönlichen Gründen eine Arbeitsstelle in Potsdam an.

Es würde mich sehr freuen, wenn Sie mich nach Prüfung meiner Bewerbungsunterlagen zu einem Vorstellungsgespräch einladen.

Mit freundlichen Grüßen nach Berlin

Hanna Hensel

Anlage: Bewerbungsmappe

Deckblatt: baut Spannung auf und erzeugt Aufmerksamkeit. Was für eine Seite! Nur Mut – Ihr Textverarbeitungssystem macht so eine außergewöhnliche Gestaltung mit wenigen Klicks möglich.

Bewerbung als Sekretärin

bei der Schader Finanz & Boden Management GmbH

Hanna Hensel

Sekretariatsfachkraft
geboren am 2. November 1973
in Northausen
verheiratet

Ich stelle mich Ihnen vor

Meine Einstellung zu meiner Arbeit

Sekretariatsarbeiten, ergänzt durch verschiedene spezifische Sachaufgaben,
das Organisieren und die Zusammenarbeit mit Menschen bereiten mir stets
sehr große Freude.

Meine Arbeitsweise zeichnet sich durch ausgeprägte Leistungsbereitschaft
und einen hohen Leistungsanspruch an mich selbst aus.
Zuverlässigkeit sowie Verantwortungsbewusstsein sind für mich
Grundtugenden, die ich natürlich mitbringe.

Eigenständiges Arbeiten ist für mich selbstverständlich, ich habe aber auch
großen Spaß daran, mich in ein kollegiales Team erfolgreich einzubringen.

Ich freue mich, wenn ich erlebe, wie mein Engagement zum Firmenerfolg
deutlich beitragen kann. Das gibt mir Bestätigung und Zufriedenheit.

Einleitungsseite: Im Mittelpunkt
stehen ein Foto der Bewerberin
und ein Textblock, dessen Überschrift den Wunsch verstärkt,
diese Informationen aufmerksam
zu lesen.

Der rechts platzierte, senkrecht
stehende Text setzt fort, was mit
dem Deckblatt begonnen hat,
und gibt das Thema der Seite an.

Idee und Konzept sind bewun-
dernswert und auch die textliche
Ausführung ist gut.

Da verfolgt man mit Spannung,
wie es weitergeht …

»Dritte Seite«: Kurz und prägnant wird aufgelistet, was die Bewerberin an Positivem anzubieten hat. In neun Punkten erfährt der Leser eine bemerkenswerte Auflistung an Joberfahrungen – immer auch unter Berücksichtigung der KLP-Faktoren (s. S. 5).

Am Ende noch eine ganz wichtige P-Botschaft (Persönliches, Emotionales) – sehr gut!

Meine persönlichen Stärken

- sichere Handhabung von modernen Bürokommunikationstechniken

- fit in der Anwendung von Textverarbeitung, Tabellenkalkulation und der Datenbank Access

- schnelle Auffassungsgabe und Einarbeitung in neue Arbeitsbereiche

- sicheres Auftreten und freundliche, verbindliche Umgangsformen im persönlichen und telefonischen Kundenkontakt

- ausgeprägtes Bewusstsein für den Umgang mit Zeit mit dem Effekt einer effizienten Organisation von Arbeitsabläufen

- große Sorgfalt und Präzision in der täglichen Arbeit

- langjährige Erfahrung in der Vorbereitung von Besprechungen, Sitzungen und Reisen

- sichere Aufnahme und Anfertigung von Protokollen

- und nicht zuletzt viel Spaß und Freude an meiner Arbeit

Was ich Ihnen zu bieten habe

Lebenslauf: Die Berufsstationen sind ordentlich dargestellt und die Tätigkeitsmerkmale ausführlich beschrieben. Chronologisch geht die Bewerberin konsequent vom Aktuellen in die Vergangenheit – sehr gut!

Eine bemerkenswerte und damit auch vorbildliche Selbstdarstellung, weil sie von sehr viel Selbstbewusstsein zeugt!

Fazit: klares Layout, das mit kursiver, fetter und normaler Schrift eine beeindruckende optische Wirkung beim Leser erzielt.

Berufstätigkeit

Lebenslauf (1)

seit 01 / 2011   *Baumann AG, Berlin*
Abteilung Werbung und Marketing
Sekretärin des Abteilungsleiters
- Koordination der Werbeaktivitäten, auch mit externen Agenturen
- Verantwortung für die Mediaplanung und Anzeigenkontrolle
- Mitwirkung bei der Vorbereitung von Werbespots

4 / 2004 – 12 / 2010   *Müller Immobilien OHG, Berlin*
Sekretärin der Projektleiter
- allgemeine Sekretariatsaufgaben
- Unterstützung der Projektleiter bei der Bearbeitung der betreuten Immobilienprojekte

4 / 2000 – 3 / 2004   *Cassisa Arzneimittel GmbH, Wiesbaden*
Sekretärin für die Außendienstleitung
- allgemeine Sekretariatsaufgaben
- Übernahme der Terminkoordination
- Reiseplanung
- Ansprechpartnerin aller Außendienstmitarbeiter

4 / 1995 – 3 / 2000   *H. Heinrich GmbH, Wiesbaden*
Vertriebssekretärin für Bauträger
- selbstständige Erledigung der gesamten Korrespondenz
- Organisation des Vertriebs
- Vorbereitung von Prospekten

8 / 1993 – 8 / 1994   *Möbel Welle GmbH, Wiesbaden*
kaufmännische Allroundkraft in den Bereichen:
- Büroorganisation
- betriebliches Rechnungswesen
- Lohnbuchhaltung
- Wareneingang und -ausgang
- Kunden- und Lieferantendatei

Lebenslauf: Selbstbewusst listet die Bewerberin hier zahlreiche Fortbildungen auf und gibt auch an, bei welchem Weiterbildungsinstitut sie sie absolviert hat. So demonstriert sie ihre hohe Lernbereitschaft. Es folgen die Angaben zur Berufsausbildung – übersichtlich präsentiert.

Fortbildung

Laufend	Vervollständigung meiner EDV-Kenntnisse im Selbststudium
3/2012 – 4/2012	Didactica Schule, Berlin Seminar »Telefontraining«
3/2007 – 6/2007	VHS Schöneberg, Berlin PC-Kurs MS Excel, Aufbaukurs
10/2004 – 2/2005	VHS Schöneberg, Berlin PC-Kurs MS Excel, Grundkurs
3/2004 – 5/2004	Didactica Schule, Berlin Seminar »Zeitmanagement«
3/2003 – 8/2003	PC-Kolleg Wiesbaden Grund- und Aufbaukurs Corel Draw
6/2002 – 7/2002	Benedict School, Wiesbaden Französisch, Kurs für Fortgeschrittene
3/2000	Benedict School, Wiesbaden Englisch, Kurs für Fortgeschrittene

Berufsausbildung

9/1994 – 3/1995	*Sekretärinnen-Schule in Wiesbaden* **Ausbildung zur Sekretärin** • Prüfung durch die IHK in Wiesbaden • Abschluss: Note gut
8/1990 – 7/1993	*Möbel Welle GmbH, Wiesbaden* **Ausbildung zur Bürokauffrau** • Prüfung durch die IHK in Wiesbaden • Abschluss: Note gut

Lebenslauf (2)

Schulausbildung

1980 – 1990   Grund- und Realschule in Northausen
                 Abschluss: Mittlere Reife

Sonstige Kenntnisse

EDV   • MS Word für Windows,
                 • MS Excel für Windows,
                 • MS Access für Windows,
                 • Corel Draw

Führerschein   Klasse B

Sprachen   • Englisch und Französisch
                   fließend in Wort und Schrift

                 • Italienisch
                   gute Grundkenntnisse

Hobbys   Reisen, italienische Küche, Seidenmalerei

30. Juni 2014

Hanna Hansel

Lebenslauf (3)

Lebenslauf: viel Platz, keine Bleiwüste und daher angenehm zu lesen.

Datum und Unterschrift sind korrekt platziert.

Anlagenverzeichnis: rundet diese sehr beeindruckende Bewerbung perfekt ab.

Sehr schön gelayoutet, vermittelt die Übersicht, mit welchen Dokumenten die Bewerberin den Empfänger Ihrer Unterlagen jetzt überzeugen wird. Wenn die drei Abteilungen noch durch farbige Zwischenblätter schneller aufzufinden sind, ist die Organisation der Unterlagen nahezu vollkommen.

Darüber hinaus vermittelt dieses Verzeichnis auch sehr deutlich, dass die Bewerberin nachweislich (schwarz auf weiß) etwas zu bieten hat …

Fazit: Eine sehr ansprechend und sorgfältig gestaltete Bewerbung, die eine hervorragende erste Arbeitsprobe darstellt und die Bewerberin bestens empfiehlt.

Anlagen

Arbeitszeugnisse

- Baumann AG, Berlin
- Müller Immobilien OHG, Berlin
- Cassisa Arzneimittel GmbH, Wiesbaden
- H. Heinrich GmbH, Wiesbaden
- Möbel Welle GmbH, Wiesbaden

Arbeitszeugnisse

- IHK Wiesbaden
  Ausbildung zur Sekretärin
- IHK Wiesbaden
  Ausbildung zur Bürokauffrau

Weiterbildungszeugnisse

- Didactica Schule, Berlin
  Seminar »Telefontraining«
- VHS Schöneberg, Berlin
  PC-Kurs MS Excel, Aufbaukurs
- VHS Schöneberg, Berlin
  PC-Kurs MS Excel, Grundkurs
- Didactica Schule, Berlin
  Seminar »Zeitmanagement«
- PC-Kolleg Wiesbaden
  Grund- u. Aufbaukurs Corel Draw
- Benedict School, Wiesbaden
  Französisch, Kurs für Fortgeschrittene
- Benedict School, Wiesbaden
  Englisch, Kurs für Fortgeschrittene

Florian Held - Verkehrsfachwirt - Speditionskaufmann

Friesengasse 5   27669 Kurstadt   Mobil: 0177 332289   E-Mail: florian.held@web.de

Nahrungsmittel-Logistik Nord
Personalleiterin
Frau Ehrenheim
PF 4712
27580 Bremerhaven

Kurstadt, 11.06.14

Bewerbung als Assistent der Speditionsleitung
Ihre Anzeige im Bremer Morgenblatt vom 03.06.14

Sehr geehrte Frau Ehrenheim,

das Telefonat am 09.06. mit Ihrer Mitarbeiterin Frau Linke hat mir sehr klar verdeutlicht, dass mich das ausgeschriebene Aufgabenfeld besonders reizt: Es entspricht meinem Qualifikationsprofil, Erfahrungshorizont und Vorstellungen.

Zu meinem beruflichen Hintergrund: Ich bin gelernter, erfahrener Speditionskaufmann und geprüfter Verkehrsfachwirt. Aus meiner Praxis als qualifizierter Mitarbeiter zweier Speditionen, zeitweilig sogar in leitender Stellung, sind mir Leistungserstellung und Auftragsabwicklung sowie Kennzahlen bestens vertraut. Als Ausbilder gehörte Personalführung zu meinen Hauptaufgaben, und daher habe ich mich auch intensiv mit personalwirtschaftlichen Steuerungsinstrumenten befasst. Ich gewinne schnell das Vertrauen von Auszubildenden und neuen Mitarbeitern. **Was mich noch auszeichnet:** Ich habe ein sicheres Gefühl für logistische Schwachstellen.

Für die Position stehe ich ab August zur Verfügung. Meine Gehaltsvorstellungen erläutere ich Ihnen gern in einem persönlichen Gespräch.

Mit freundlichen Grüßen

Florian Held

Anlagen

Unser Kommentar

Absender: ist angenehm gestaltet und enthält alle wichtigen Informationen. Sehr gut sind die zusätzlichen Angaben »Verkehrsfachwirt« und »Speditionskaufmann«.

Empfänger: wird namentlich genannt. So soll es sein!

Ort/Datum: sind richtig platziert.

Betreffzeile: gut getextet. Sie erregt durch die mittige Platzierung besonderes Interesse.

Anrede: ist namentlich, wie im Empfängerfeld. Sehr gut!

Inhalt: guter Einstieg. Erst wird auf das Vorabtelefonat eingegangen und anschließend folgen ausführliche Hintergrundinformationen. Eine gelungene Kurzvorstellung.

Absätze: sind gut strukturiert. Ein Hauptabsatz, der alle wichtigen Angaben zum beruflichen Hintergrund beinhaltet.

Länge: ist angenehm. Die Seite ist nicht zu voll und daher übersichtlich.

Unterschrift: genau so ist es richtig!

Anlagen: allein das Wort »Anlagen« reicht vollkommen aus.

Gestaltung: übersichtlich und ansprechend.

Deckblatt: ordentliche Titelseite mit allen wichtigen Informationen.

Ein Foto hätte auch schon hier eingefügt werden können.

Florian Held - Verkehrsfachwirt - Speditionskaufmann

Friesengasse 5   27669 Kurstadt   Mobil: 0177 332289   E-Mail: florian.held@web.de

---

BEWERBUNGSUNTERLAGEN

für
Frau Ehrenheim
Nahrungsmittel-Logistik Nord

Bewerbung als Assistent der Speditionsleitung

Florian Held - Verkehrsfachwirt - Speditionskaufmann

Friesengasse 5   27669 Kurstadt   Mobil: 0177 332289   E-Mail: florian.held@web.de

Beruflicher Werdegang

Persönliche Daten

Florian Held
geb. 01.10.1976 in Bremervörde
verheiratet, 3 Kinder

Angestrebte Position: Assistent des Speditionsleiters
Ausgangssituation: Schicht- und Hallenmeister mit Personalverantwortung

Schulausbildung

1982 – 1986   Schwarzmoor-Grundschule, Bremervörde

1986 – 1992   Otto-Braun-Realschule, Bremervörde, mit erfolgreichem
                   Realschulabschluss

Berufsausbildung

1993 – 1996   Ausbildung als Speditionskaufmann
                   Spedition Höfer, Nordenham

Aufbau: von der Vergangenheit zum Jetzt. Eine eher klassische Vorgehensweise, wobei das Foto sowie die fette Zwischenüberschrift mit Angabe der angestrebten Position und der Ausgangssituation davon deutlich abweichen und schon etwas Besonderes darstellen.

Foto: ziemlich außergewöhnlich, da der Leser sehr direkt angeschaut wird.

Auffallend: sind, wie schon angemerkt, die Zeilen »Angestrebte Position« und »Ausgangssituation«. Sie zeigen auf den ersten Blick, worum es geht.

Aufbau: eine angemessene Darstellung zweier Berufsstationen, die zeitlich wieder klassisch von der Vergangenheit zum Jetzt angeordnet sind. Auch die folgenden Abschnitte »Arbeitspraxis« und »Fortbildungen« sind geschickt gewählt, denn so gewinnt der Leser auf einer Seite einen guten Überblick über die berufliche Qualifikation des Bewerbers.

Wir empfehlen Ihnen allerdings eher die modernere Variante, vom Jetzt in die Vergangenheit. Dann hätte der Kandidat mit 2005–2013 begonnen, aber auch alle anderen Lebenslaufdaten chronologisch rückwärts angeführt.

Florian Held - Verkehrsfachwirt - Speditionskaufmann

Friesengasse 5   27669 Kurstadt   Mobil: 0177 332289   E-Mail: florian.held@web.de

---

Berufspraxis

| Jan. 1998–Okt. 2005 | Spedition Schulze & Söhne, Bremerhaven
Tätigkeit als Sachbearbeiter, Vorarbeiter und Hallenmeister mit den Schwerpunkten:
– Beschaffungsmarkt: Lagerung, Umschlag, Nebenleistungen
– Anleitung von Auszubildenden und neuen Mitarbeitern |
| Nov. 2005–Nov. 2013 | Spedition Trommer, Bremerhaven
Tätigkeit als Schichtleiter mit Verantwortung für 4 Mitarbeiter, Hallenmeister mit Verantwortung für 12 Mitarbeiter mit den Schwerpunkten:
– Einteilung des Personals zur Be- und Entladung der Fahrzeuge des Bezirks- und Fernverkehrs, insbesondere Transport leicht verderblicher Güter
– Anleitung von Auszubildenden und neuen Mitarbeitern, vor allem in den Bereichen Warenkunde, Kundeninformationen und PC-Programme |

Arbeitspraxis

| 1997 | Aushilfstätigkeit in Kfz-Werkstatt Franke, Bremervörde |

Fortbildungen

2002	Aufbaukurs MS Word und Excel
2005	Aufbaukurs Business-Englisch
2007	Workshop Personalführung
2009	Kurs Rechtsgrundlagen für Spediteure
Juni 2011–Okt. 2012	Geprüfter Verkehrsfachwirt, Fachrichtung Güterverkehr Deutsche Außenhandels- und Verkehrs-Akademie, Bremen, mit Prüfung vor der IHK Bremen

Florian Held - Verkehrsfachwirt - Speditionskaufmann

Friesengasse 5   27669 Kurstadt   Mobil: 0177 332289   E-Mail: florian.held@web.de

Sonstiges

1996/1997   Wehrdienst in Emden

seit November 2013   private Auszeit mit Regenerationsphase

                          Orientierungsphase sowie Aktualisierung und
                          Erweiterung meiner PC-Kenntnisse im Selbststudium

Engagement

Intensives Engagement als Trainer einer
Handballmannschaft

Kenntnisse und Fähigkeiten

Fremdsprachen: Englisch gut in Wort und Schrift

EDV: MS Office mit Access und alle einschlägigen
Programme aus dem Speditionsbereich

Führerschein Klasse C und B

Kurstadt, 11.06.2014

Florian Held

Aufbau: ist gut durchdacht. Nach dem Abschnitt »Sonstiges«, in dem auch die private Auszeit genannt wird, folgen Angaben zum sportlichen Engagement des Bewerbers und abschließend wird der Lebenslauf durch eine Aufzählung besonderer Kenntnisse und Fähigkeiten abgerundet.

Unterschrift: mit Vor- und Zunamen. Genau so ist es richtig!

»Dritte Seite«: ein ordentlich formulierter Text, übersichtlich in drei Absätze gegliedert, unterstreicht die Motivation des Bewerbers. Thematisch werden in den drei Absätzen die Schlüsselbegriffe »Qualifikationsprofil«, »Erfahrungshorizont« und »Vorstellung«, die auch in der Einleitung des Anschreibens genannt wurden, wieder aufgegriffen. Bravo! Dies rundet die Bewerbung sehr schön ab.

Auch hier auf dieser Seite hätte Florian Held unterschreiben können, um der Seite eine noch persönlichere Note zu verleihen.

Florian Held - Verkehrsfachwirt - Speditionskaufmann

Friesengasse 5 27669 Kurstadt Mobil: 0177 332289 E-Mail: florian.held@web.de

---

Warum mich dieses Arbeitsfeld reizt ...

Die Weiterbildung zum Verkehrsfachwirt war die konsequente Fortsetzung meiner Ausbildung zum Speditionskaufmann: Ich habe mir einen Traum erfüllt und viel dazugelernt. Jetzt bin ich qualifiziert dafür, auf der planerischen Ebene zu arbeiten.

Als langjähriger Mitarbeiter von Speditionen, zeitweilig auch als Führungskraft mit Personalverantwortung, habe ich einen vielseitigen Erfahrungshorizont. Daher kann ich die Hintergründe strategischer Sach- und Personalentscheidungen gut einschätzen. Als Berufspraktiker trete ich der Hektik des Alltagsgeschäfts mit logischem Denken und Besonnenheit entgegen.

Zu meiner Vorstellung einer mich wirklich erfüllenden Tätigkeit gehört, innerhalb eines gewissen Rahmens selbstständig arbeiten zu dürfen. Mit großem Engagement und stets sehr viel Initiative bewältige ich die mir gestellten Aufgaben. Ich freue mich über Anerkennung, gewinne aber auch meine Zufriedenheit durch das unausgesprochene Vertrauen und die Wertschätzung, die mir entgegengebracht werden.

Florian Held - Verkehrsfachwirt - Speditionskaufmann

Friesengasse 5 27669 Kurstadt Mobil: 0177 332289 E-Mail: florian.held@web.de

Zeugnisse und Zertifikate

Aus- und Fortbildung

Prüfungszeugnis der IHK Bremen, Ausbildung als Speditionskaufmann

Zertifikat der IHK Bremen, Workshop Personalführung

Zertifikat der IHK Bremen, Rechtsgrundlagen für Spediteure

Prüfungszeugnis der IHK Bremen, Fortbildung zum Gepr. Verkehrsfachwirt

Berufspraxis

Arbeitszeugnis der Kfz-Werkstatt Franke, Bremervörde

Arbeitszeugnis der Spedition Schulze & Söhne, Bremerhaven

Arbeitszeugnis der Spedition Trommer, Bremerhaven

Referenzen

Fritz Vahrenberg von der Spedition Trommer, Bremerhaven, steht mir freundlicherweise als Referenzgeber zur Verfügung. Sie erreichen ihn telefonisch unter 0471 786543. Die Firmenanschrift finden Sie im Arbeitszeugnis

Anlagenverzeichnis: eine interessante Seite, die einem Anlagenverzeichnis entspricht, aber auch noch zusätzlich zu den Zeugnissen mit der Angabe eines persönlichen Referenzgebers positiv auffällt.

Was Sie sonst noch wissen sollten

Das Autorenteam Hesse/Schrader ist seit über 30 Jahren auf dem Sektor der Bewerbungsratgeber sowie zu weiteren Themen aus der Arbeitswelt publizistisch tätig und hat im Laufe dieser Zeit mehr als 200 Bücher veröffentlicht. Am Anfang stand die erstmalige Veröffentlichung aller gängigen sogenannten Intelligenztests und deren kritische Reflexion in dem Buch *Testtraining für Ausbildungsplatzsuchende* (1985). Ebenfalls Neuland im Bereich Berufsleben erschloss ihr Buch *Die Neurosen der Chefs – die seelischen Kosten der Karriere* (1994).

Von besonderem Interesse für den Leser dieses Buches dürfte auch der Titel *1x1 Das erfolgreiche Vorstellungsgespräch* sein und die Reihe »Die perfekte Bewerbungsmappe« – Bücher im DIN-A4-Format, die zahlreiche Beispiele im Originalformat zeigen und auf die unterschiedlichen Situationen von Bewerbergruppen (Azubis, Hochschulabsolventen, Führungskräfte) eingehen. Weitere sehr hilfreiche Bücher sind Hesse/Schrader *Training Arbeitszeugnis* (ebenfalls im DIN-A4-Format) und *Neue Formen der Bewerbung*.

Beide Autoren verfügen über eine langjährige Erfahrung als Seminarleiter bei Bewerbungstrainings und in der individuellen Einzelberatung.

1992 gründeten sie in Berlin das Büro für Berufsstrategie, das ausschließlich Arbeitnehmer in allen erdenklichen beruflichen Fragen berät und unterstützt. Mehr als 30 Jahre Buchpublikationen und über 20 Jahre tägliche Beratungsarbeit mit Kandidatinnen und Kandidaten, die das Büro für Berufsstrategie aufsuchen, zeichnen die Autoren als kompetent und praxiserfahren aus.

Wenn Sie persönliche Anregungen wünschen, Rat und Unterstützung brauchen, wenden Sie sich bitte an unser Büro:

Hesse/Schrader
Büro für Berufsstrategie
Oranienburger Straße 4–5
10178 Berlin
Tel.: (0 30) 28 88 57-0
Fax: (0 30) 28 88 57-36
www.hesseschrader.com

Bitte beachten Sie auch unsere Büros in Frankfurt, Stuttgart, Köln, Hamburg und München.

Stichwortverzeichnis

Unsere Leseempfehlungen

Neue Formen der Bewerbung

• Innovative Strategien
• Einzigartige Gestaltungsideen
• Netzwerke erfolgreich nutzen

Hesse/Schrader

Kann man mit einer besonders ungewöhnlichen Bewerbung erfolgreich sein? Ja – sofern man authentisch bleibt, die Unterlagen auf die „Branche" abstimmt und sich positiv von den Mitbewerbern abhebt. Entscheidend ist die Idee, die die Bewerbung unverwechselbar macht. Kompetent und praxisnah zeigen Hesse/Schrader, wie man das Interesse des Personalchefs weckt.

168 Seiten, 19,5 x 19,5 cm, Broschur
Best.-Nr. E10481
€ 16,95 (D) / € 17,50 (A) / SFr. 20,90
ISBN 978-3-86668-796-7

Die überzeugende Selbstpräsentation im WWW

So nutzen Sie Social Networks, Blogs & Co.
für Ihre erfolgreiche Online-Reputation
Hesse/Schrader

Heutzutage müssen Sie damit rechnen, dass der potenzielle neue Arbeitgeber Sie „googelt", wenn Sie sich bei ihm bewerben. Stößt er dann z.B. auf kompromittierende Facebook-Fotos von der letzten Party oder eine Buchempfehlungs-Liste, auf der Sie hauptsächlich erotische Literatur empfehlen, haben Sie schon vor einem möglichen Vorstellungsgespräch einen Eindruck hinterlassen, den Sie unter Umständen nie mehr „ausbügeln" können. Wie Sie sich im Internet optimal und erfolgreich darstellen, wie Sie Ihre Privatsphäre schützen und den neuen Arbeitgeber von sich überzeugen, zeigen die Bewerbungsexperten Nr. 1, Hesse/Schrader, in diesem unverzichtbaren Ratgeber!

208 Seiten, 14,5 x 20,7 cm, Klappbroschur
Best.-Nr. E10489
€ 16,95 (D) / € 17,50 (A) / SFr. 20,90
ISBN 978-3-86668-961-9

Bestellungen bitte direkt an: STARK Verlag · Postfach 1852 · D-85318 Freising
Tel. 0180 3 179000* · Fax 0180 3 179001* · www.berufundkarriere.de · info@berufundkarriere.de
*9 Cent pro Min. aus dem deutschen Festnetz, Mobilfunk bis 42 Cent pro Min. Aus dem Mobilfunknetz wählen Sie die Festnetznummer 08167 9573-0

23-BK-R013

Können wir noch mehr für Sie tun?

Jürgen Hesse

Gemeinsam mit unserem erfahrenen Berater- und Trainerteam bieten wir professionelle Beratung zu allen beruflichen Fragen an. Wir wissen, worauf es ankommt und unterstützen Mitarbeiter und Führungskräfte bei der Umsetzung beruflicher Wünsche und Ziele. Weiterhin unterstützen wir Unternehmen bei allen Fragen der Personalentwicklung.

Hans Christian Schrader

Wobei benötigen Sie Unterstützung?
Beratung & Coaching

- Karriereplanung
- Potenzialanalyse
- Bewerbungsstrategien
- Berufsorientierung
- Bewerbungsunterlagen
- Vorstellungsgespräche
- Assessment Center
- Arbeitszeugnisse
- Burnout-Prävention
- Outplacement & Kündigung

Seminare & Trainings

- Bewerbung & Karriereentwicklung
- Kommunikation & Arbeitstechniken
- Verhandeln & Verkauf
- Führung & Personal
- Gesund im Job
- Train-the-Trainer nach Hesse/Schrader
- ... und alle weiteren Soft Skill-Themen

Gerne beraten wir Sie auch persönlich und telefonisch!

Auf unserer Homepage finden Sie viele praktische Tipps und Informationen zu Job und Beruf.

Dort können Sie sich über unsere Beratungsangebote, Dienstleistungen für Unternehmen und alle Seminartermine informieren oder E-Books und Mustervorlagen downloaden – und natürlich alle Bücher von Hesse/Schrader bestellen.

Möchten Sie regelmäßig unseren Hesse/Schrader-Newsletter erhalten? Dann melden Sie sich gleich an:

www.berufsstrategie.de

Büro für Berufsstrategie Hesse/Schrader
Oranienburger Straße 4-5
10178 Berlin
Telefon 030 2888570
E-Mail   info@berufsstrategie.de

Berlin · Frankfurt · Hamburg · München
Köln · Stuttgart · Wiesbaden

Büro für Berufsstrategie
■■■■■■■ Hesse/Schrader
Die Karrieremacher.